Where the Wandering Sun Would Go?

移り気な太陽

太陽活動と地球環境との関わり

桜井邦朋 著
Sakurai Kunitomo

恒星社厚生閣

まえがき

地球温暖化（global warming）に対する懸念が、世界の多くの国の科学者たちにより表明され、その原因は、人類の産業活動から排出される炭酸ガス（CO_2）の大気中における蓄積によるのだ、とされている。このガスの排出をいかに押さえ、地球環境を維持するかについて、各国の首脳による国際会議や、多くの人々による作業部会が頻繁に開催されるようになっている。しかしながら、先進諸国と発展途上諸国との間では、炭酸ガス（CO_2）排出をめぐる規制条件などでは合意に至らず、今後にいろいろな課題を残したままとなっている。

本書で、著者の私が意図したのは、地球温暖化の原因が炭酸ガス（CO_2）の大気中への蓄積にあるのだと示唆する、国連内部に設置された〝気候変動に関する政府間パネル（ＩＰＣＣ）〟による評価については、一応傍らにおいておき、気候変動に果たす太陽の役割について、現在手に入れることのできるいろいろな観測データを分析し、明らかにすることであった。そのような試みのために、かなりの数にのぼるグラフが使われることになったが、それらを丁寧に見て頂くことで、本書を手にされた方々に、著者の意図を了解して頂けるだけではなく、過去一二〇年余りにわたって進んできた地球温暖化の真の原因について考えて頂けるものと確信している。

本書で示されるたくさんのグラフを、偏見をもたれることなく見て頂ければ、地球環境の維持に果たす太陽の役割について理解し、更に、地球温暖化の原因がどこにあるのかについても見通して頂けるはずである。著者の私は、このように確信しているのである。グラフに示されている事実が、私たちに語りかけてくれるからである。

本書の出版に当たっては、恒星社厚生閣社長、片岡一成氏、それに同社編集部の白石佳織氏のお二人との出会いがなければならなかった。この出会いのきっかけは、スヴェンスマーク・コールダー共著『〝不機嫌な〟太陽』の日本語訳の出版交渉にあった。この訳本が仲介役を果たし、このたび、本書が出版されることになった。

片岡氏のご決断と、白石氏の編集上のご努力とを通じて、本書が日の目をみることになった。両氏に深く感謝を申し上げたい。

二〇一〇年五月

桜井邦朋

移り気な太陽　目次

プロローグ

政治問題と化した〝地球温暖化〟

〝地球温暖化（global warming）〟という表現が、新聞、ラジオ、テレビなどのマス・メディアに頻繁に登場するようになってから、一〇年余りが経過した。この表現が意味するのは、地球環境、というよりは、人間の社会生活が営まれている地表付近の気温が平均して、上昇傾向を示しているという〝事実〟を指している。

この気温の上昇は必然的に、地球大気全体をカバーしながら起こる気候の温暖化（climate warming）を伴うので、地球温暖化という表現は、気候温暖化と言い換えても、意味する内容にほとんどちがいがない。このような事情から、本書では、時に応じて両方の表現を適宜使い分けることにするが、重大な意味の相違があるわけではないことを、初めにお断りしておく。

現在、進行しつつあると喧伝（けんでん）されている地球温暖化（global warming）の原因が、人類の産業活動から発生する炭酸ガス（CO_2）の地球環境、特に、このガスの大気中への蓄積の結果とされていることについては、多くの人々にすでに広く知られていることであろう。地球温暖化と呼ばれる地球環境全体にわたってみられる温暖化現象が顕著になったのは、一八世紀半ば過ぎにイギリスに端を発した産業革命（Industrial Revolution）が、いろいろな国々で発展し、人類の産業活動が、先進国だけでなく発展途上国まで含めて、地球全体に行き渡るようになって以後のことである。

第二次世界大戦後、言い換えれば、一九五〇年代半ば頃から以後、世界の多くの国々が目指し、発展させたのは産業活動の活性化と、その過程における幾多の技術革新の達成で、この活動による炭酸ガス（CO_2）の大気中への蓄積による効果だけでなく、この活動が必然的にもたらす地球環境への熱エネルギーの蓄積という二つにより、地球環境の温暖化が加速度的に進むことになった。

このいわゆる〝地球温暖化〟への対処の仕方、特に、温暖化抑制の可能な機構について、これまで何回か国際会議が開かれたが、一九九七年における京都会議では、この抑制の機構とそれに対する各国の遵守すべき義務条項などが議論され、それらの内容が『京都議定書（Kyoto Protocol）』として出版されている。先に述べた各国が履行すべき義務条項については、国際協調への合意は達せられなかったし、発展途上国には、こうした義務条項が適用されないなどといった制約があり、各国による炭酸ガス（CO_2）排出量に対する規制の効果はほとんど期待しえない内容のものであった。ただ一つだけ強調しておきたいのは、地球環境の温暖化の抑制に向けた取り組みが、地球規模で進められなければ、人類の未来における存亡にまで大きな影響を残すとの共通認識が、参加各国の間に生まれたことであった。

地球温暖化が、今後もずっと続く際に起こると予想される事態に対処するため、この議定書の出版に先立って、国連環境計画（ＵＮＥＰ）と世界気象機構（ＷＭＯ）による勧告に基づいて、国連内部に、〝気候変動に関する政府間パネル〟（Intergovernmental Panel on Climate Change、略称は、Ｉ

PCC）が、一九八八年に設立され、世界各国から多くの研究者が参加して、気候変動に関する評価報告を出版することになった。最初の報告書は一九九〇年に、二つ目は一九九六年に、更に三つ目は二〇〇一年に出版された。最新の報告書（四番目）は、二〇〇七年に出版されている。

一九五〇年頃以後の気温変化に目を向けると、地球温暖化（global warming）が加速度的に進行し、そのグラフ表示にみられる特徴から、まるでホッケー・スティックのように気温上昇が急激になっているので〝ホッケー・スティック（Hockey Stick）曲線〟と呼ばれるようになった。この急激な気温上昇は、現在、ペンシルヴェニア州立大学教授であるマイケル・マン（Michael Mann）が、一九九八年四月に科学誌『ネイチュア』（NATURE）に発表した論文により、初めて示された。〝ホッケー・スティック曲線〟と呼ばれる急激な気温上昇は、私自身も含めて、多くの研究者にとっては、全く想像もできないような結果であった。

太陽活動と気候との間にみられる関係から、私が想定していたのは、一〇世紀半ばから一二五〇年頃まで続いた中世における太陽の大活動期（Medieval Grand Maximum）にみられたいわゆる中世の大温暖期における平均気温の方が、一九五〇年頃から以後のそれに比べて高いということであった。マンが示したホッケー・スティック曲線に対する反論は、ハーバード大学の研究グループから出されたが、覆ることはなかった。当時、アメリカの副大統領であったアル・ゴア（Al Gore）は、気候温暖化に関わって積極的に行動しており、マンたちの導いた結果を支持した。これは一種の政治的決着だと、言ってよいのであろう。この結果は後に、アル・ゴアが著し、ベストセラーとなった『不都合な真実（An Inconvenient Truth）』へとつながった、というのが私のうがった見方なのである。

マンたちが導いた〝ホッケー・スティック曲線〟と呼ばれた最近の過去三〇年ほどにわたる急激な地球温暖化は、地球上における人類の産業活動の急激な発展がもたらした大気中における炭酸ガス（CO_2）の急速な蓄積から生じたとされたのであった。こうした急激な気温上昇を押さえるために、炭酸ガス（CO_2）ほかの温暖化ガス（greenhouse gases）排出を削減する何らかの方策が、国際的な課題となった。昨年（二〇〇九年）一一月に、コペンハーゲンで開かれたＣＯＰ15（ＣＯＰはConference of the Partiesの略称）で取り上げられたが、事の重大さは各国からの出席者により合意されたが、何も決められなかった。『京都議定書』は、実はＣＯＰ３で討議され、各国出席者の合意に基づいてでき上ったもので、ＣＯＰ15では、この議定書から更に踏みこんだ、温暖化ガス排出の規制が目論まれていた。だが具体的な方策は立てられなかった。

この同じ一一月半ば過ぎに、〝クライメート（気候）ゲート〟（Climate gate）と呼ばれるようになったスキャンダルが、イギリスで発生した。この国のイースト・アングリア大学（University of East Anglia）に設置されている気候研究部（Climate Research Unit、略称はＣＲＵ）のサーバーが、何者かによりハッキングされ、大量のEメールと電子文書が国外へ流出した。それらの中から、CRUの所長だったフィル・ジョーンズ（Phil Jones）や、先に名前がでてきたマイケル・マンほかが、気温についてのデータを捏造したり、改ざんしたりした疑いがある文書がみつかったのであった。気温に関するデータの処理法、その他にも、ある種のトリックが用いられているという疑念も生じている。マンらによるホッケー・スティック曲線の導出法にも疑問が生じている。

マンらの論文の内容をみた時、ホッケー・スティック曲線が導かれる際に、彼らが中世における大温暖期が存在した事実を無視したのはなぜなのかという疑問が、私に生まれた。それと同時に、どのようにしてこんな曲線を導いたのか、という別の疑問も生じた。ハーバード大学の研究グループによるこの大温暖期における平均気温が、過去一〇〇〇年の間で最も高く、現在の値に比べても高かったという結果について、私は知っていたからであった。また、当時、グリーンランドにヴァイキングが植民していたこと、カナダの東部に位置するノヴァ・スコシア半島でぶどうが実っていた事実もあり、ここ数十年の温暖化に比べ、当時の方が遥かに温暖化は進んでいたと、私自身推論していたからであった。

このたびの〝クライメート（気候）ゲート〟事件の実相が明らかになるにしたがって、〝ホッケー・スティック曲線〟を、地球温暖化の最近の傾向に対し、導く手法がみえてきた、というのが、私の偽らぬ感想である。アメリカ科学振興協会の機関誌『サイエンス』(Science)の二〇〇九年一〇月二日号には、一九九九年以後、地球の気温(global temperature)に増加が全然みられないとの報告が掲載されており、「地球温暖化に何が起こったか(What Happened to Global Warming?)との表題が人目を惹く。

本書の中で、私が述べていこうと考えているのは、地球温暖化をめぐる政治的な問題、それをめぐる思惑や偏見ほかから、完全に離れた立場より、太陽活動と地球環境との相互作用、特に、〝太陽・地球系〟と呼ばれるようになった一つのシステムに関連して、太陽活動が気候とその変動に及ぼす効果がどのようなものか、更に、この効果をめぐって、宇宙線と呼ばれる高エネルギー粒子群の太陽圏(Heliosphere)内における挙動と、それから予想される地球への影響を中心課題に据えて、地球温暖化(global warming)の真の原因を探ることである。

過去半世紀余りにわたる太陽の変動性に関する私の研究に基づき、先に記した地球温暖化の真の原因は何かについて、私が研究から到達した推論について、これから本書で綴っていく。一九七七年に、私はイギリスの週刊科学誌『ネイチュア』(NATURE)の九月二九日号に、二〇世紀終わり頃から二一世紀前半にかけて地球環境は寒冷化しているのではないかと予測した論文を発表した。この予測は全然当たらず、研究仲間たちからからかわれたりして、恥ずかしかった想い出がある。こんな経験が過去にあるがため、本書を書くに当たって少しばかり躊躇(ちゅうちょ)するところがあったが、現在に至るまでの私の研究過程から導かれた事柄について、公平を期して、語っていくことにする。その際、私が心に留めたことは、〝事実をして語らしめよ〟という標言であった。

第1章

〝地球温暖化〟とは何か

―内因説と外因説―

〝地球温暖化〟という表現は、英語の〝global warming〟の訳語で、文字通り、地球全体が温暖化することを意味している。この場合、地球全体といっても、人類ほかの諸生命にとっての生存圏が対象で、この生存圏が温暖化の傾向を、最近示していることが、危惧されているのである。現在進行しているると多くの研究者により認められている地球温暖化が、将来にわたって続くような事態が出来したら、人類の生存にとって不適な環境が形成され、文明の崩壊さえ招き兼ねないと警告されている。

この地球温暖化は国際政治の場でも問題にされ、関係する国家間における政治的駆け引きにまで利用されるようになっている。このよう事情を背景に、〝気候変動に関する政府間パネル〟（IPCC）が国連傘下の一機関として設立されており、気候変動に関する評価報告（Assessment Report）が数年置きに出版されている。これらの報告をみると、二〇世紀半ば以降、地球温暖化は急激に進んでいるとされており、その原因が、人類の産業活動により排出された炭酸ガス（CO_2）の大気中への蓄積にあるとの可能性が強調されている。

地球温暖化の原因が、今みた炭酸ガス（CO_2）の大気中への蓄積にあるとする考え方は、内因説の立場で、温暖化が人類の文明の発展に因果的に関わっている。人類の産業活動の急速な拡大が地球温暖化をひき起こしたと、IPCCの報告書も指摘しているように、現在では、内因説が多くの人々により受け入れられている。

ところで、地球環境の形成とその維持にとって、最も大きな役割を担っているのは、太陽が放射する電磁エネルギーである。過去一五〇年ほどさかのぼって、このエネルギーの毎秒当たりの総量の変動を調べてみると、この期間を通じて、たった〇・二パーセント（％）ほどの増加が認められるにすぎない。こんな少ない変動では、一九〇〇年頃から以後の地球温暖化を説明することはできない。地球環境の外部に、地球温暖化の原因があるとする外因説が考えられるとすれば、どのようなことが考えられるのだろうか。

地球環境の成り立ち ── 太陽・地球系というシステム ──

地球の大地、海洋、それに大気は、太陽から送り届けられる電磁放射エネルギーの一部を吸収することにより暖められている。この電磁放射エネルギーの総量は、過去一五〇年ほどの期間を通じてほぼ一定しているので、太陽定数（Solar Constant）と呼ばれている。この大きさは太陽に面した側で、現在、1.37×10^3 W/m^2と与えられている。実際に、太陽活動の活発さに応じて、ごく僅かだが変動しており、その大きさは精々、〇・二パーセント（％）であることが、観測から示されている。

この電磁放射エネルギー総量のすべてが、大地、大気や海洋から成る地球環境により吸収されるわけではなく一部は反射され、地球環境の温暖化に利用されない。この現象はアルベド（albedo）効果と呼ばれており、ほぼ三〇パーセント（%）と見積もられている（図1）。太陽定数をS、アルベド効果をa、地球の半径をr_eととると、毎秒当たり、地球が吸収する太陽からの電磁放射エネルギーは、S（1－a）πr_e^2となる。このエネルギーにより、地球環境は暖められ、平衡状態に達すると、その時に達せられた温度による熱放射で、この状態が維持される。この時の温度をT_eとおくと、平衡状態では、次式が成り立つ。

$$S(1-a)\pi r_e^2 = 4\pi r_e^2 \sigma T_e^4$$

この式中のσはステファン・ボルツマン定数で、$\sigma = 5.671 \times 10^{-8}$ W/m^2K^4（Wはワット）。上式を、T_eについて解くと、T_e ＝ 255K

単位:Wm^{-2}（W/m^2と同じ）

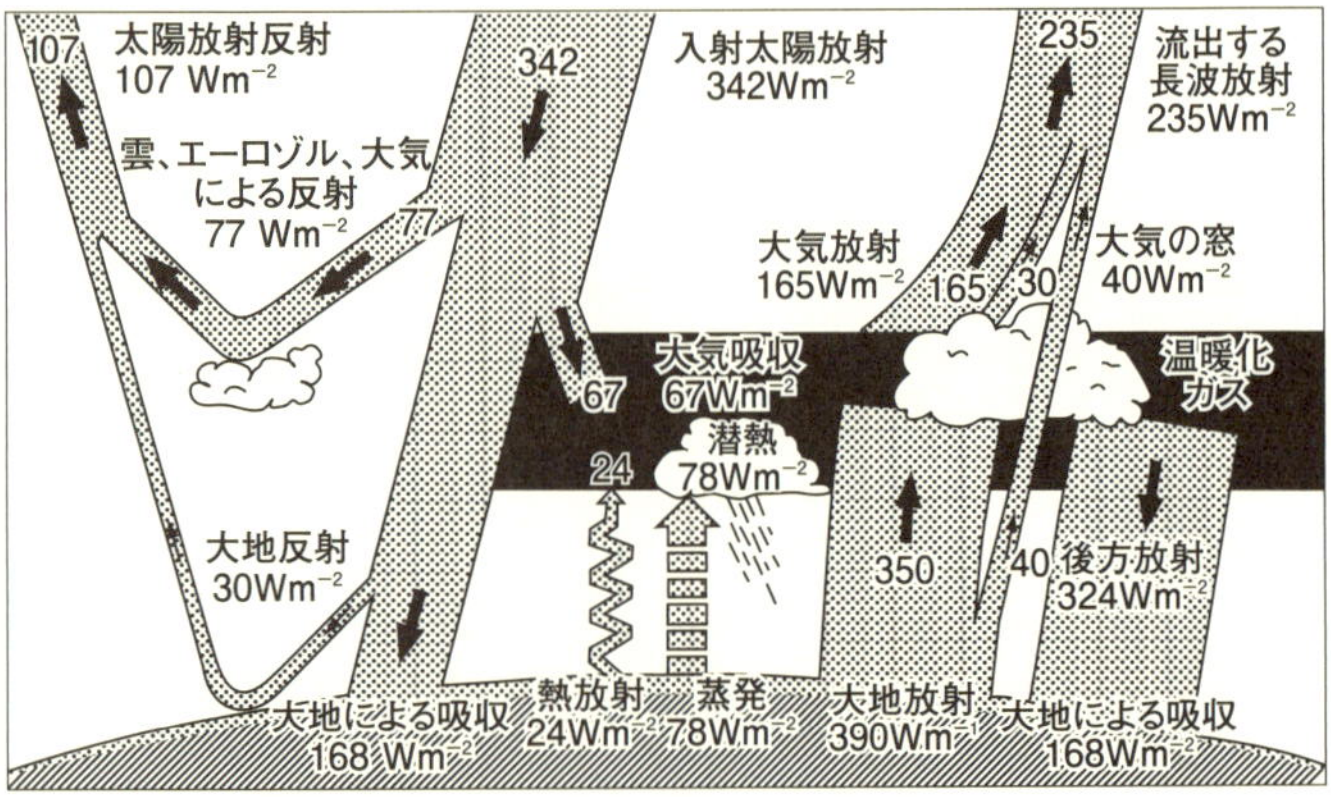

図1　太陽からの総電磁放射エネルギーの地球環境内における収支（放射平衡下にあると仮定している）（IPCC 評価報告（2007）による）.
（Climate Change 2007: The Physical Science Basis. Working Group I Contribution to the Fourth Assessment Report of the Intergovernmental Panel on Climate Change, FAQ 1.1, Figure 1. Cambridge University Press.）

が求まる。

実際に観測されている地球表面の温度は一五℃、つまり、二八八Kであるから、今求められたT_eは三〇度ほど小さい、このような結果がえられた理由は、大気中に保温効果をもたらす大気層の存在を考慮していないことにある。実際には、大気中に水蒸気や炭酸ガスのような温室効果を生じる分子群が存在するので、この効果を考慮して、放射における平衡状態に対する計算を行うと地表付近の温度は、二九九Kほどと求まる（計算式については、付録二を参照されたい）。この結果は、先に上げた二八八Kに比べて一〇度ほど大きくなってしまったが、温室効果ガス、例えば、水蒸気や炭酸ガスの働きが、かなり大きいことがわかる。

太陽からの電磁放射エネルギーの総量は、太陽に面した側で、1.37×10^3 W/m^2であった。地球環境に、流入する全エネルギーのフラックスは、太陽に面した地球の面積（πr_e^2）とこの総量の積で与えられるが、地球全体ではその表面積が$4\pi r_e^2$だから、地球表面全体に流入するフラックスはS/4となる。したがって、約342W/m^2が、地球全体にわたってみた時の、太陽から流入するエネルギー・フラックスである。このことを考慮した地球環境におけるエネルギー収支を、図示すると図1のようになる。反射された太陽電磁放射エネルギー・フラックスは全体で107 W/m^2となり、約三〇パーセント（%）がアルベド効果により、大気圏外に失われることがわかる。先に、aについて見積もりを三〇パーセント（%）としたのは、この結果をふまえてのことであった。

　中緯度帯に入る東京辺りの年平均気温が、二九五Kより五度前後低いが、こんな荒っぽい計算でも、大気中に存在する水蒸気や炭酸ガス（greenhouse gases）（CO_2）などの温暖化ガスの存在が、人類を含めて多くの生命の住環境を穏やかなものとしていることがわかる。

　地球環境におけるエネルギー収支については、この環境の温暖化をもたらすのが、太陽の電磁放射エネルギーであることから、太陽と地球が、エネルギーの流れからみて、一つの統合されたシステムとなっていると考えてよいことが、明ら

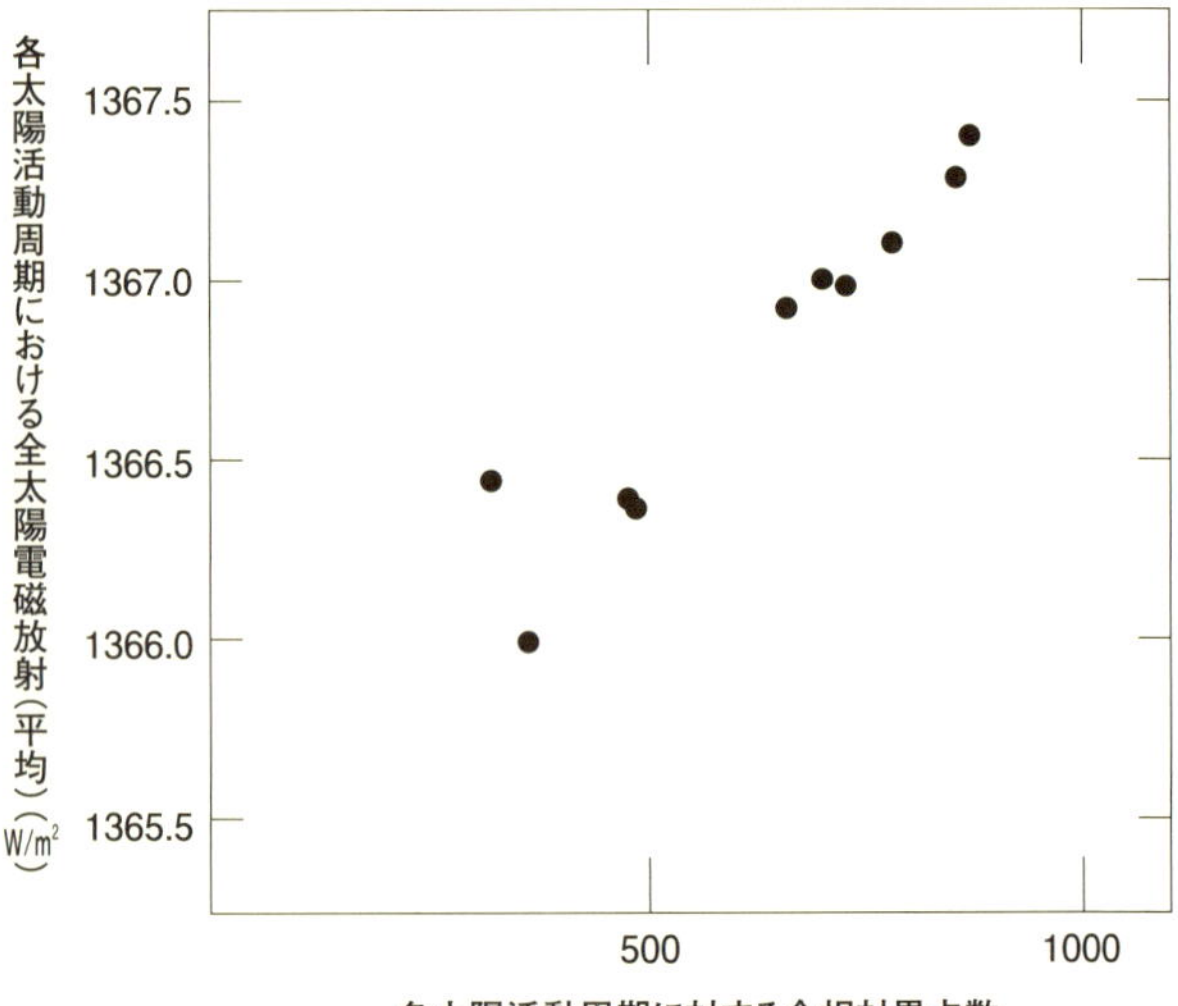

図2　1882年以後における太陽からの電磁放射エネルギー総量と各太陽活動周期の全相対黒点数との関係.

かである。太陽からこの電磁放射エネルギーのフラックス（単位は W/m^2）に大きな変動があれば、今までみてきたことから気温に大きな変動がひき起こされる可能性のあることがわかる。しかしながら図2に示すように、過去一五〇年ほどの期間を通じて、僅かに〇・二パーセント（％）ほどしか、このフラックスは変化していない。この事実から、太陽からの電磁放射エネルギーの総量における変動が、現在進行しつつあるいわゆる地球温暖化（global warming）の原因となりえないことが、明らかである。〝気候変動に関する政府間パネル〟（ＩＰＣＣ）の評価報告が、人類の産業活動が生みだした炭酸ガス（CO_2）の大気中における蓄積を、その原因であるとしているのは、太陽放射の変動性が非常に小さいことにもよるのであろう。

内因説 —— 人類の産業活動との関わり ——

一八世紀半ば過ぎに、イギリスで始まったいわゆる産業革命（Industrial Revolution）は、その後、西ヨーロッパの国々でも開始され、今ではこれらの国々は、産業立国というより、工業立国と呼ぶべき国家体制をとっている。このような体制の維持に当たっては、科学の発展に伴い、その技術面への応用と更なる開発が進められ、これらの国家は、工業技術の先進国として現在に至っている。

第二次世界大戦後、こうした工業技術の面で立ち遅れていた国家群も、先進諸国の体制をとり入れ、工業立国を目指しており、これらの国々は、発展途上国という名称で、国際社会の中に、現在位置している。

工業技術の開発とその応用に当たっては、技術に関わる諸製品の生産が、人々の日常生活の利便性を求めることを通じて、改善されていくことが要請されている。この過程で、大量のエネルギーが消費されるが、産業革命の開始以来、ほとんどすべてが石炭や石油、あるいは、天然ガスなどの化石燃料（fossil fuel）で、賄われてきている。近い将来にあっては、このまま化石燃料を使い続けていくことにより、これらの資源が涸渇し、工業立国が立ち行かなくなるのではないかとの危惧が、先進国、発展途上国の両者により抱かれており、現在では、化石燃料に取って替わるいわゆる代替エネルギーの開発が、多くの国々で進められている。

これらのエネルギーも、化石燃料から供給されるエネルギーも、多くの場合、利用の過程で、炭酸ガス（CO_2）を排出する。これら排出された炭酸ガス（CO_2）は、大気中へと拡散し、このガスの濃度を大気中で上昇させていく。元々、炭酸ガス（CO_2）は、温暖化ガスとして、水蒸気とともに大気中に存在し、地球環境を穏和なものとし、人類を含めた諸生命の生存と維持に、大きな役割を果してきた。

この温暖化ガスである炭酸ガス（CO_2）の大気中における濃度は一九五〇年頃から以後、増加の一途を辿り、従来測定されていた三〇〇ｐｐｍ（密度の一〇〇万分の一を単位とする）から、二〇〇五年頃には三九〇ppm程にまで、増加している（図3）。五〇年ほどの期間で、九〇ppmほどと、炭酸ガス（CO_2）の増加量は、それほど大きくはないが、この増加が、地球温暖化（global warming）の原因だと、現在、指摘されている。これが、地球全体の規模で起こっているからである。

地球温暖化と呼ばれる現象について、ここで世界の年平均気温の変動性を取り上げてみると、図4に示すように、全体として、この平均気温は上昇する傾向を示している。この傾向は、大まかな点で、図3に示した大気中の炭酸ガス（CO_2）の増加の傾向と合っていると言えることがわかる。図2に、太陽からの電磁放射エネルギー・フラックスの変動性について示したが、過去一五〇年ほどにわたる期間で、このフラックスは僅か〇・二パー

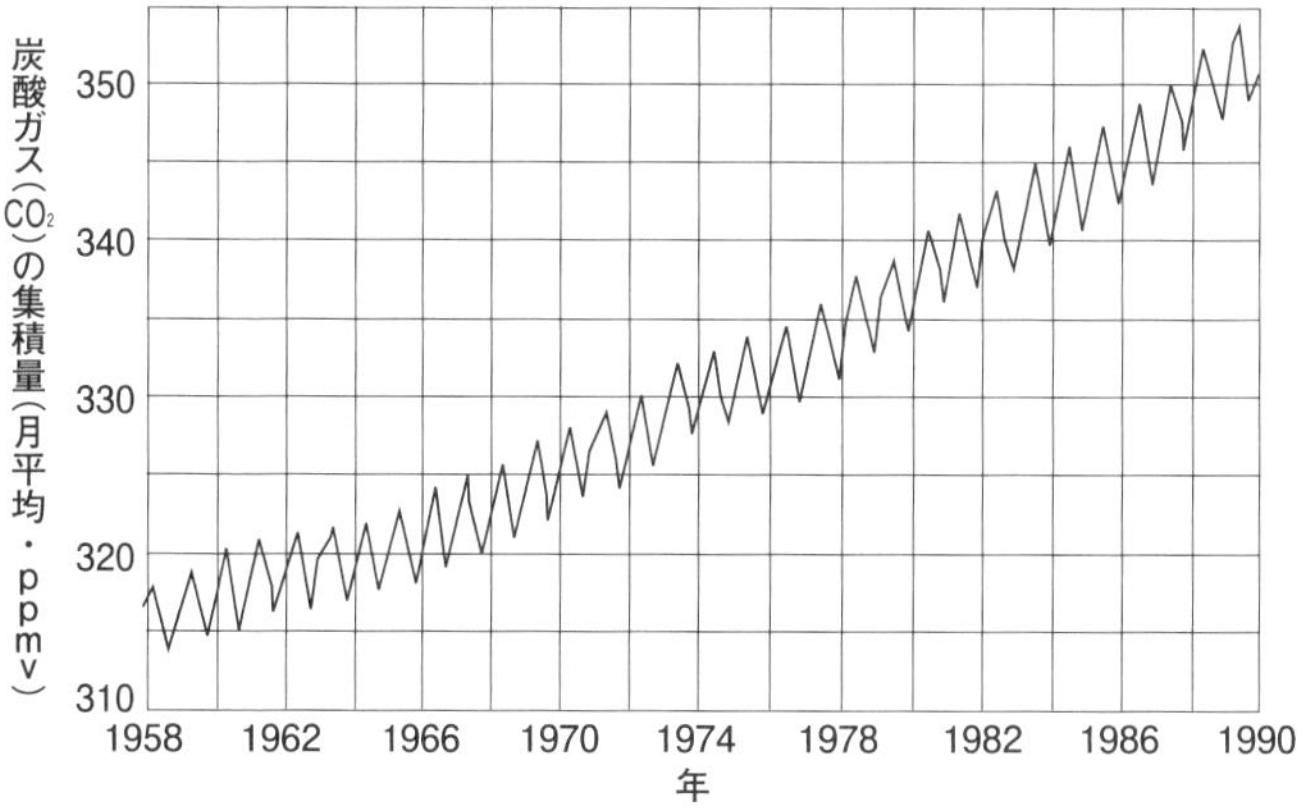

図3　1958年以後における炭酸ガス（CO_2）の大気中への集積量の経年変化（ハワイ，マウナ・ロア観測所による）．この傾向は2000年代まで続く．

セント（％）の増加にすぎないことから、太陽放射の変動性により、図４に示した地球温暖化を説明することは不可能である。このことから〝気候変動に関する政府間パネル〟（ＩＰＣＣ）は、二〇〇七年の評価報告書で、地球温暖化をひき起こしている原因は、大気中における炭酸ガス（CO_2）の蓄積にあるのだと指摘しているのである。

現在では、世界の総人口は六五億を超え、近い将来には七〇億に達するとの予測がなされている。これらの人々を養うための農業生産量も、飛躍的な増加が見込まれねばならず、集約的農業生産のための人工肥料の大量使用、森林伐採による農業用地の拡大、家畜の飼養増加が、多くの国々で進められている。ここでは、窒素酸化物やメタン・ガス（CH_4）などの排出による地球温暖化への影響が危惧されてい

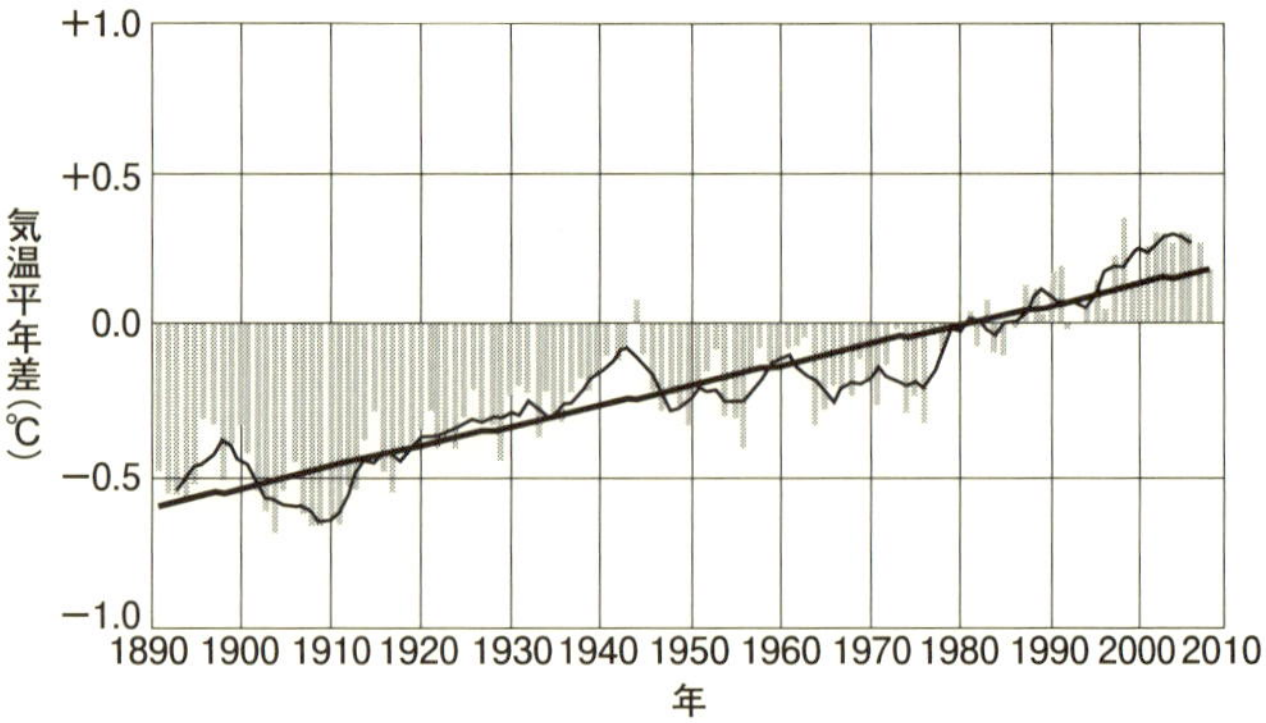

図４　世界の年平均気温にみられる平年差（1890 ～ 2008 年）（国立天文台編『理科年表平成 22 年版』丸善（2009）より）．平均値は 1971 ～ 2000 年までの平均．

る。また熱帯雨林における木々の伐採などによる農業用地の拡大は、太陽放射による大地の加熱効果を助長し、この面でも、地球温暖化が進むことへの懸念が表明されている。人口増加のとどまる傾向が全然みえない現在、将来において、地球上の多くの人々が飢餓状態に陥るのではないかとさえ言われている、農業生産の量的拡大には地球という限られた生存圏内では、限界があるからである。

現在、先進国も発展途上国も、化石燃料に対する依存体制から、その代替燃料の開発とその利用による将来への発展を模索しているが、これらの燃料の使用による熱エネルギーの大気中への放出は、地球温暖化を更に押し進めることになる。炭酸ガス（CO_2）の排出を削減することと、この熱エネルギーの大気中への放出とは別次元の事柄なのである。炭酸ガス（CO_2）と熱エネルギーの二つの大気中への放出は、ともに、地球環境の温暖化、つまり、地球温暖化（global warming）を進めるのだという事実を、私たちは銘記しなければならない。

だが、本当に、人類の産業活動の発展に伴って大気中へ排出された炭酸ガス（CO_2）の蓄積や、熱エネルギーによる大気加熱が、現在進行しつつある地球温暖化（図４）の真の原因なのだろうか。〝そうだ〟と言えるためには、大気、大地、海洋から成る地球環境が、いわゆる人類を初めとした諸生命の生存圏（Biosphere）が、太陽を初めとした地球外からのどのような影響のもとに維持されているのかについても、あらためて見直してみることが、必要である。

外因説――宇宙空間からみた地球環境維持機構にあって――

前々節（地球環境の成り立ち―太陽・地球系というシステム）において述べたように、地球環境は、太陽から休むことなく送り届けられる電磁放射（光）エネルギーにより、現在みられるような姿に維持されている。このエネルギーのフラックスは、太陽に面した側で、一平方メートル（m^2）当たり、1.37×10^3 W（ワット）である。図2に示したように、実際の観測値は、最近では、1368W/m^2ほどである。

この太陽放射は、大部分が可視光から成り、この光が先にみた放射エネルギーの大部分を占める。図5に示すように、この放射エネルギーは、太陽表面（光球）の温度が五七八〇K（六〇〇〇Kと近似的に言っても大きな変動はない）であることに対応している。可視光の波長範囲は、四〇〇～八〇〇ナノメートル（nm）と、やっと一オクターヴで、八〇〇ナノメートル（nm）の外側に赤外線が、また、四〇〇ナノメートル（nm）より短い側には、まず紫外線が、更に一〇〇ナノメートル（nm）より波長が短くなるとX線、それから更にガンマ（γ）線と続く。

太陽面（光球）はいつも同じ状態にあるわけではなく、この表面に発生して、観測される黒点、黒点群の数や面積は、一定ではなく、約一一年の周期で増減する。この周期を〝サイクル（cycle）〟と表現する場合が多い。黒点群が頻繁に発生している時期には、紫外線やX線の放射は黒点群のほとんどみられない時期の数倍も強くなり、これらの放射が地球の上層大気を加熱し、激しく膨張させる。可視光領域の変動は、約一一年の周期を通じて僅か〇・二パーセント（%）ほどに過ぎないので、この可視光領域の放射による地球環境の加熱の効果は小さく、ほとんど何の変化ももたらさない。

先に述べた黒点や黒点群の発生は、太陽表面下に広がる対流層内に存在する強い磁場の消長と因果的に関わっていることが、明らかにされている。この磁場が太陽表面（光球）に現れた領域に黒点や黒点群が生成されるのだが、この磁場の一部は、太陽コロナの外延

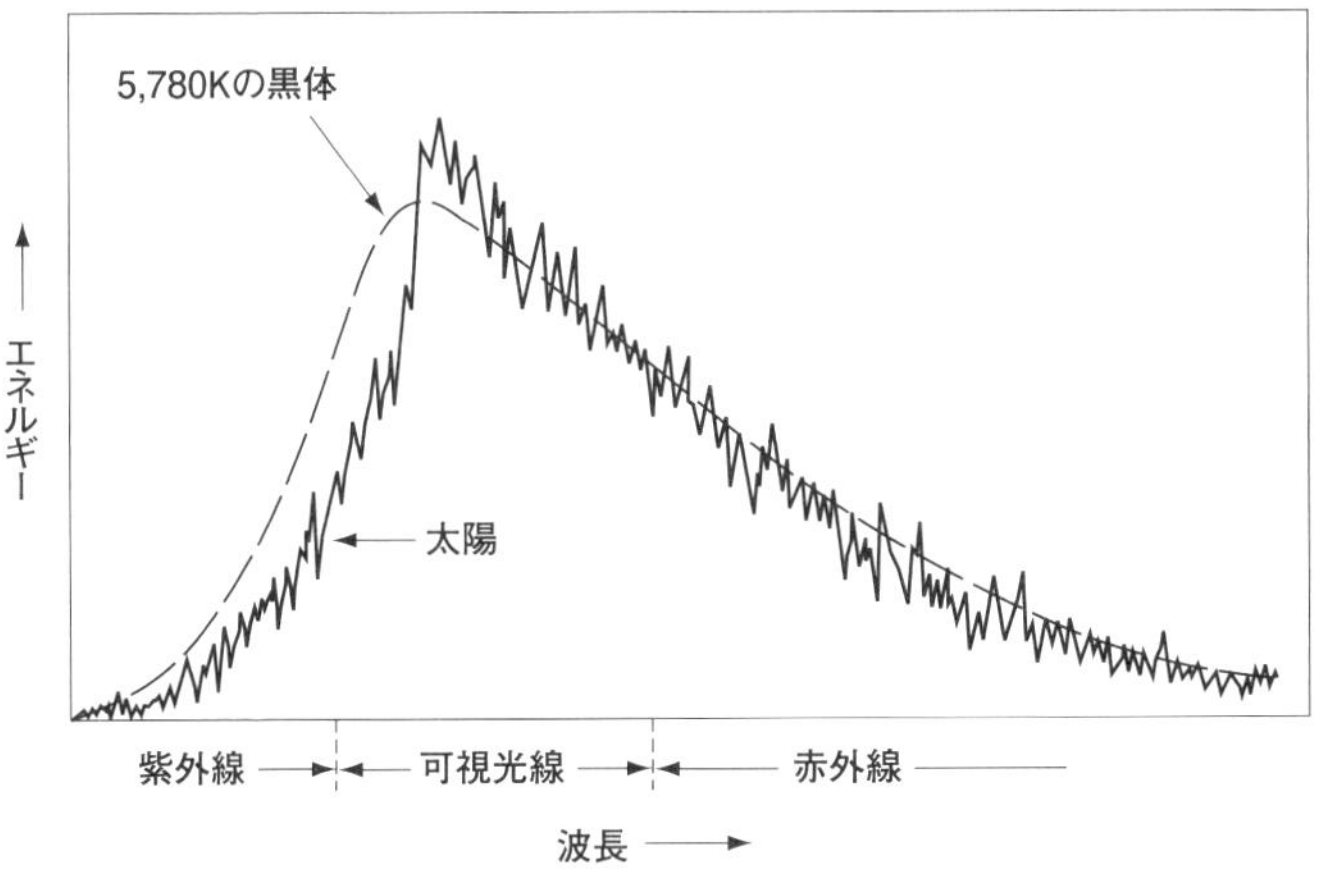

図５ 太陽からの電磁放射エネルギー総量（毎秒当たり）の波長分布．分布のパターンをみるために描いたもので，縦軸は任意．太陽の光球の温度を5780Kとした場合の熱放射（黒体放射）のパターンとよく合っている．

部から宇宙空間へと超音速で溢れだす太陽風（Solar Wind）によって運びだされ、この風が吹き荒れる空間中に広がっている。太陽の内部構造の概要と、光球面上の黒点群と磁場の様子とを図6に示しておこう。太陽風は太陽大気の外延を構成するコロナが宇宙空間へ向かって溢れ出すことから生じる流れで、太陽中心から、太陽半径（R☉）の五倍ほど離れた辺りから流れだしていくのである。地球は、この流れに曝されており、その変動による影響を強く受けることが現在ではわかっている。

前々節で述べたように、大気の保

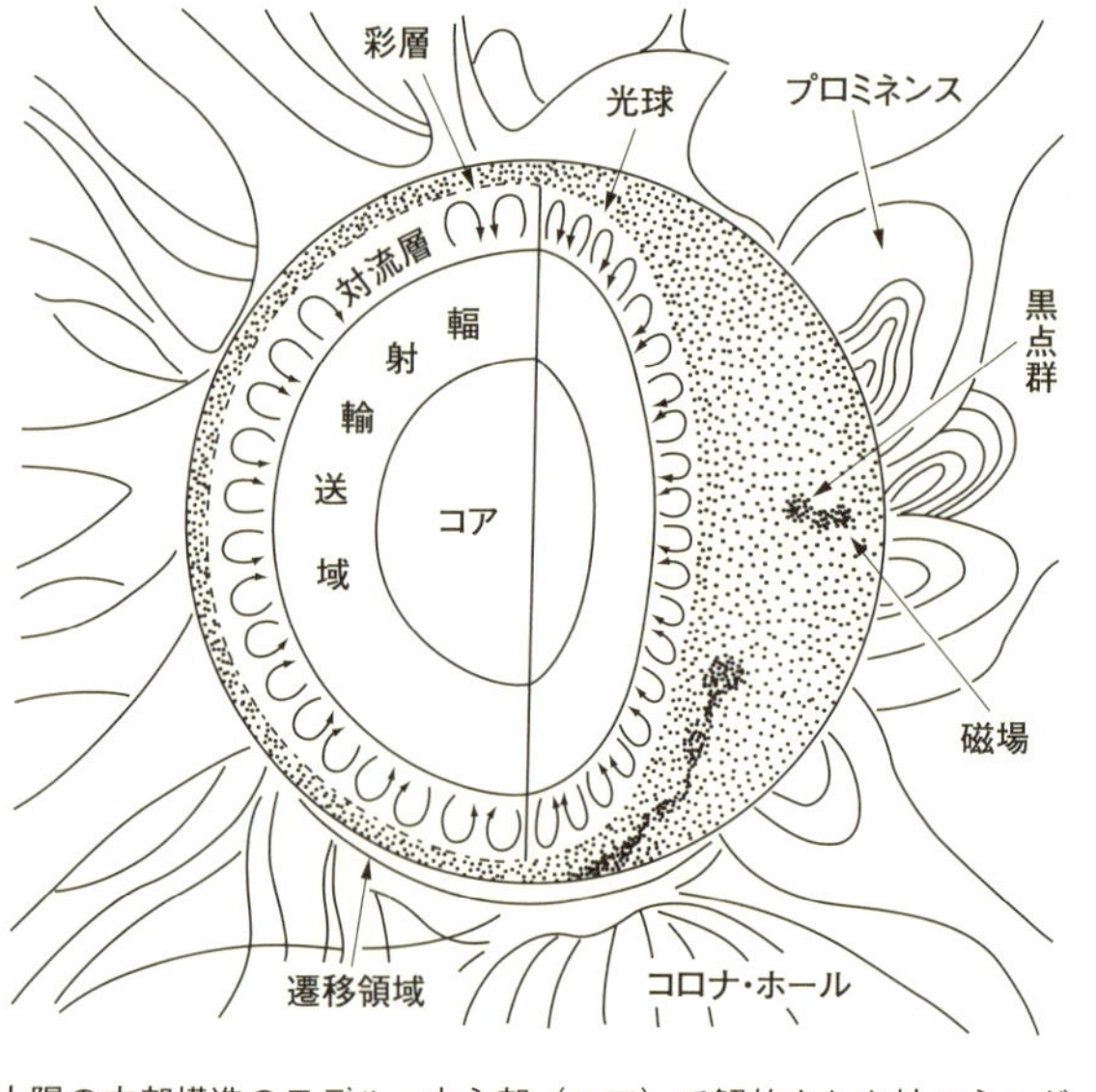

図6　太陽の内部構造のモデル．中心部（コア）で解放された核エネルギーは輻射輸送域から対流層へと伝えられ，光球から外部空間へ電磁波として放射されていく．（輻射は光エネルギーのことである）．

温効果により、地球環境は全体として穏和な状態に維持されているが、それには液体の水が広がる海洋が大きな役割を担っている。よく知られているように、液体の水には強い保温効果があるからである。また、暖められた水は蒸発して、水蒸気として大気中にも広がり、炭酸ガス（CO_2）とともに気候を穏和なものとしてくれる働きもしてくれている。

太陽は地球を初めとした太陽系の惑星たちを引きつれて、天の川銀河の円盤領域から余りはずれない空間を、この銀河の回転方向に、この回転速度より約二〇キロメートル毎秒（km/s）だけ速く、ヘルクレス座の方向へ向かって運動している。天の川銀河には、ガスや磁場が広がっており、太陽風の流れはそれらと相互作用しながら、太陽圏（Heliosphere）と呼ばれる広大な泡状の領域を形成しながら太陽は運行しているのである。その様子を描いてみると、図７に示すような姿となるのであろう。

この太陽圏は、太陽風が吹き荒れる領域で、天の川銀河に広がるガスや磁場と、この風の流れが出会う先端では、この超音速の流れがせき止められるので、そこにボー・ショックと呼ばれる衝撃波が形成され、図７に示したような構造が、太陽の進む方向に作り出されるのである。天の川銀河空間から、太陽圏に流れこんでくるガスは一部が、太陽からの紫外線やX線によりイオン化され、この流れで加速される。また、太陽圏に侵入してくる宇宙線と呼ばれる高エネルギー粒子群は、太陽風中の磁場により、運動の方向が曲げられたり、はねとばされたりしながら一部は地球大気中にも侵入してくる。

　後で言及することだが、大気中に侵入してくる宇宙線が、太陽風中の磁場による作用のもとに、その侵入してくる毎秒当たりの数（フラックス）が変調を受けることを通じて、地球の気候変動をひき起こしているのだと考えられている。大気中に侵入してきた宇宙線が、大気の成分である酸素や窒素と衝突し、破壊することを通じて生成したミューオンと呼ばれる素粒子が、下層大気のイオン化をひき起こし、それが引き金となって水分子を凝結させ、水滴を生成し、下層雲の形成にまで至ると考えられている。実際に、こうした状況を

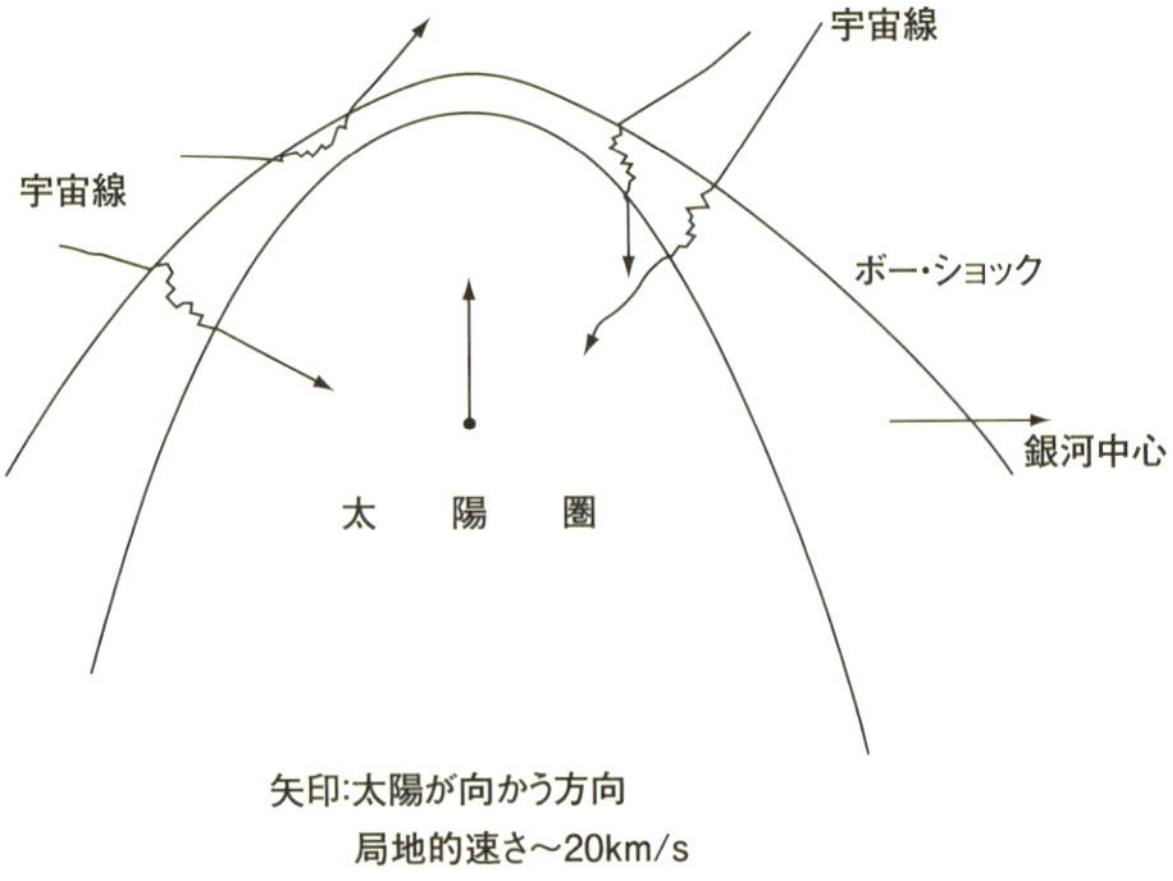

図７　太陽コロナの外延部から溢れだし，超音速で外部空間へと広がるコロナ・ガスが形成する太陽圏（Heliosphere）の構造．太陽が向かう方向を矢印で示す．太陽圏へ侵入してくる宇宙線の経路が描かれている（数例）．

模擬（シミュレート）する実験がなされており、このような過程が起こることが示されている。

ここで、ひと言、ふれておきたいのは、イオン化という用語についてである。イオン化とは、例えば、水素原子の場合では、中心の陽子をめぐる電子を取り去り、陽子と電子に分けることである。ほかの原子や分子の場合も、何個かの電子を取り去ることをイオン化というのである。

地球環境の形成は、太陽が放射する電磁エネルギー（光）による大気、海洋、大地の加熱に最も多くを負うているが、地球が磁場を帯びた天体であることの重要性も忘れてはならない。このことについては、第三章で詳しくふれる予定である。地球の周囲に広がる磁場が、太陽風と地球の大気が直接ふれ合うことを不可能にしているのである。

地球環境の維持についても、太陽の果たす役割を忘れるわけにはいかない。というのは、太陽が送り届けてくる電磁放射エネルギーが最も基本的な役割を果たしているからなのである。したがって、このエネルギーに変動があれば、地球環境は大きな影響を受けるはずなのだが、すでにふれたように、この変動幅は、僅か〇・一パーセント（%）ほどで、太陽放射の変動性が、地球の気候変動をひき起こすことは、ありえないことなのである。外因説をとるならば、ほかに原因を求めなければならないのである（詳しくは第三章を参照）。

第2章

内因説の推移
—温暖化物質の循環と蓄積効果—

地球温暖化（global warming）により、地球大気の年平均気温の増加による環境破壊への警告がなされるようになったのは遠い昔のことではない。多くの人々の注目を浴びるようになったのは、一九九〇年代に入ってから後のことである。一九九八年の春に、気候変動について研究してきた人々を驚かすことになった一つの論文が、イギリスの週刊科学誌『ネイチュア』（NATURE）に発表された。この論文の骨子は、地球温暖化が一九五〇年頃から以後、急速に進み、過去一〇〇〇年にわたる気候変動の中で、異常な速さで、地球全体にわたる年平均気温の増加がみられるというものであった。そのパターンは、温度の増加がホッケー・スティック（Hockey Stick）の形に見立てられるというのであった。スティックの柄の部分が、一九五〇年以前の年平均気温を表し、先の尖った曲った部分が、一九五〇年以後における年平均気温を表すように、なぞらえられたのであった。

二〇世紀半ばというと、第二次世界大戦が終わり、多くの植民地が独立国家となり、西欧各国やアメリカ、カナダの北米大陸国家、また、日本、オーストラリアなどの先進工業国の発展を摸倣して、それぞれ工業立国を目指す兆しが、新興国に出てきた頃であった。これら新しく工業立国を国是とした国々は、発展途上国と呼ばれたが、これらの国々も含めて、地球的規模で、工業化が進められ、先進工業国では科学研究に対し、国家が投資し援助の手を伸ばし、その研究成果が技術開発に向けられ、技術革新が加速度的に進み、先進工業国では、高度工業化社会が実現した。

その過程で消費された化石燃料によるエネルギーは膨大な量に及び、このエネルギー利用に伴って、大気中に放出される炭酸ガス（CO_2）の排出量も加速度的に増加した。この温暖化物質（greenhouse gas）である炭酸ガス（CO_2）の大気中への蓄積が、地球温暖化をひき起こしているのだとされて、現在、国際政治の場で、その排出削減をめぐって、国際会議がしばしば開かれるようになっている。また、先進工業国と発展途上国の間で、この排出削減についての交渉がいろいろな軋轢（あつれき）を生みだしている。

地球温暖化は西欧産業革命に始まる

現代は、世界の多くの国々が、科学と技術に立脚した技術文明のもとに繁栄の基礎を築いてきている時代であると言ってよいであろう。特に注目すべきことは、二〇世紀に建設された現代物理学（Modern Physics）の成果に基づいて、その応用として開発された諸技術が、人類の日常生活の中に浸透し、日々の生活を豊かなものとしている。先進工業国を手本として、発展途上国も、工業文明への道を歩んでおり、近い将来には、地球上すべての国々のもつ文明の様式が、科学と技術に基づいたものとなっていくのであろうと予想されている。

この技術文明は、大量のエネルギー消費を伴う。このエネルギーは、産業革命が、一八世紀終わり頃から西欧の諸国で進行する過程で、まず化石燃料（fossil fuel）の利用から供給された。産業革命が最初に進んだイギリスでは、この燃料として石炭が用いられた。ロンドンが、当時、煙の都と呼ばれたのは、石炭が工業の面ばかりでなく、家庭内でも暖房用として利用されたためであり、市内の大気は煤（すす）で汚れ、人々の健康を蝕んだ。

産業革命は、生活必需品ほかいろいろな製品の生産効率を著しく上げ、多種多様の製品の大量生産を可能にし、人々の暮しを変えてしまった。必要以上の余剰な製品は、海外に販路を求めて、植民地の拡大をもたらし、他方で植民地の確保のための国際紛争も各地でひき起こした。こうした動きから産業資本主義が成立し、人々の生き様を変えただけでなく、国々の政治や経済の組織まで変えてしまった。

急速に発達した資本主義的経営は、資本家とそれらに傭われる労働者階級を生みだし、社会の構造すら変えてしまった。こうした資本主義的経営が拡大していくにつれて、そこに投入される化石燃料、特に石炭と石油の使用量は膨大となり、これら燃料の使用により排出される炭酸ガス（CO_2）の大気中への増加も著しかった。

炭酸ガス（CO_2）の大気中への排出量が無視しえないほど大きいことが注目されるようになったのは、一九五〇年頃から以後の地球環境の温暖化が人々の注目を浴びるようになってからのことであった。多くの人々により、気候が温暖となってきていることが、日常生活における経験から指摘されるようになったのは、一九五〇年頃から以後のことで、世界各国が工業化を目指し、化石燃料を大量に消費するようになってからであった。先進諸国は高度工業化社会の実現を目指して技術革新を進め、発展途上国は、先進諸国の行き方に追随し、追いつき追いこすことを目標とした。

先進諸国における科学の成果や技術開発に関わる研究論文などの報告書類の出版部数は、年とともに指数関数的に増大していった。図８に示すように、一七世紀の科学革命の時代以来、科学研究に従事する人々の数、また、技術開発に携わる人々の数も、同じく指数

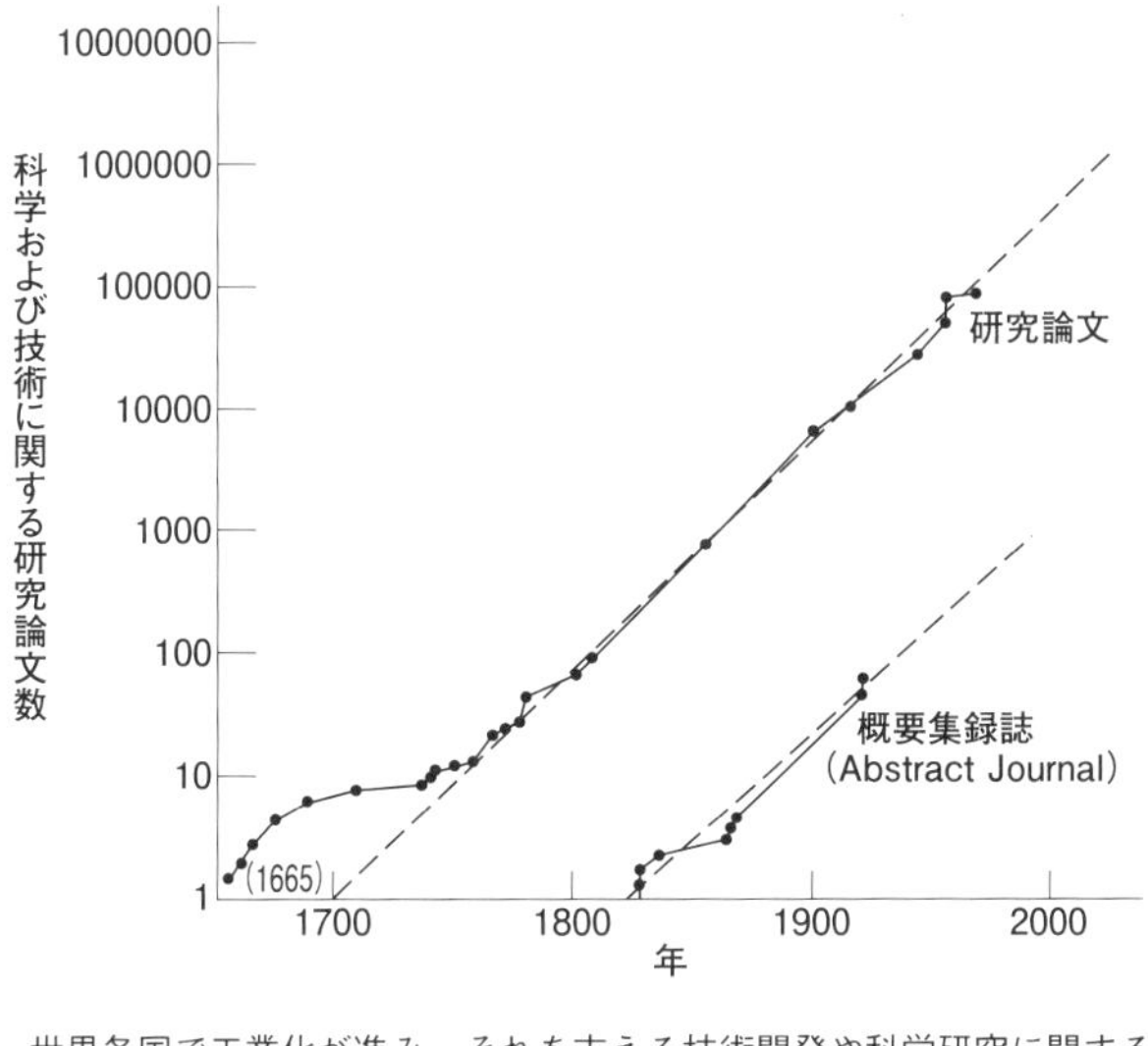

図８　世界各国で工業化が進み，それを支える技術開発や科学研究に関する論文数の経年変化．論文数が指数関数的に増加してきたことがわかる（J. E. McClellan and H. Dorn（1999）より）．

関数的に年とともに増加した。他方で、産業資本による技術開発や科学研究への投資も同じような傾向で増加し、高度工業化社会の実現は人々の生活様式も大きく変えてしまった。科学研究の内容が大型化されるに応じて、国家からの投資も拡大、科学自体の様相も大きく変わった。人間が築いてきた社会の構造まで変貌してしまったのであった。

このような推移の中で、化石燃料を初めとした諸種のエネルギー資源の利用から排出される炭酸ガス（CO_2）の量も増加し、このガスの大気中への蓄積が、気候の温暖化をひき起こしているのではないかと指摘されるようになった。一八世紀後半にイギリスで開始した産業革命に端を発して成立した文明の様式である高度工業化社会が、人類の未来にとって真に要請されたものであったかどうかについて、現在反省を迫られている。大気中への炭酸ガス（CO_2）の蓄積が、現在では、地球温暖化の原因であると、多くの人々により指摘されているが、このような見解の正当性については、今後の一〇年か二〇年にわたる気候の推移をみてみなければ、明確な解答はえられないのではないかというのが、著者の私が現在抱いている見解である。

この見解をめぐる考察は、第五、第六の両章で詳しくなされるはずである。その際、ここ二〇年ほどにわたる太陽活動の特徴について検討を試みるつもりである。

温暖化物質の循環と蓄積 ― 炭酸ガスと水をめぐって ―

前章の第一節（地球環境の成り立ち）において述べたように、私たちが生活空間としている地表付近の気温は、大気中に広がっている二つの温暖化ガス（greenhouse gases）によって穏和な気候に維持されている。これら二つのガスの一つは、地球温暖化（global warming）の元凶として喧伝されている炭酸ガス（CO_2）であり、もう一つは、ほとんど話題に上ることがないが、水蒸気（H_2O）である。大気中で、温室効果（greenhouse effect）をもたらすことから、これら二つのガスは温室効果ガスとも呼ばれるが、これは先程上げた温暖化ガスと意味するところは同じである。こんなわけで、両者を文意に応じて、今後、使い分けることがあることを了解していただきたい。

今先に上げた二つの温室効果ガスである炭酸ガス（CO_2）と水蒸気（H_2O）の大部分は大気中で地表付近に存在している。実際に、太陽から到来する電磁放射エネルギーの、これら分子とその他のいくつかのガスによる吸収の割合をみると図９に示すような結果がえられている。比較のために地上から一一キロメートルの高度におけるこの割合も、この図に示しておくが、赤外線波長領域における吸収の割合は、余り大きくないことがわかる。地表付近では、この波長領域における吸収の割合が大きく、温暖化ガスによって大気が穏和なものとなっていることが推測される。

多くの人が、経験してよく知っているように、昼間よく晴れていた空が、夕方以後、雲に掩われると夜間も余り冷えないのは、日中に温暖化ガスにより吸収された太陽からの電磁放射エネルギーが再放射されて、大気を暖めてくれているからなのである。

子供だった頃、冬の寒い晴れた日に、私たちはよく日向ぼっことして、かじかんだ手や冷めたくなった頬を、温めたものだった。太陽から送り届けられてくる電磁放射中の赤外線領域の電磁波（光）は、手や頬に吸収されるとそれらを温める働きがあるからであった。こんな経験が多くの人々にあったためか赤外線は熱線（heat rays）とかつて呼ばれたことがあった。

電磁放射エネルギーは、大気によって吸収されると、ある割合で必ず放射が起こり静かな大気の場合

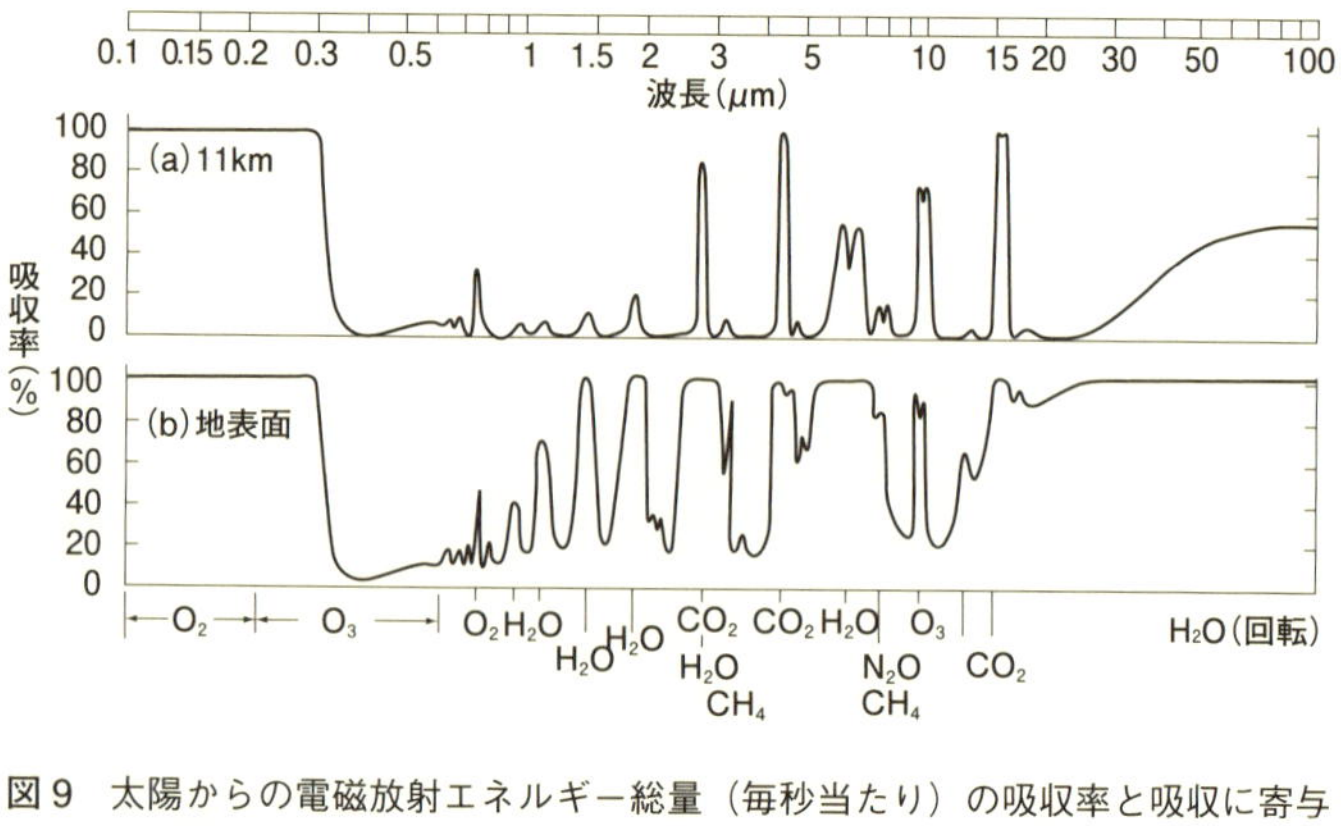

図 9　太陽からの電磁放射エネルギー総量（毎秒当たり）の吸収率と吸収に寄与する気体（ガス）.（a）地上 11 km,（b）地表面. 吸収率は太陽の天頂角が 50 度の場合について示してある（R. M. Goody（1964）による）.

には、吸収と放射が釣り合う状態が実現される。この状態は放射平衡（radiative equilibrium）と呼ばれている。

ここで、人類が築いてきた科学と技術に拠（よ）って立つ文明、いわゆる技術文明に目を向けると、日常生活に必要な物品に対しては、大量生産の方式が進んだ。例えば、T型という名前の大衆車の自動化による大量生産が一九二〇年代に進み、その結果生産コストが大幅に下がり、社会構造が変わり、いわゆる大衆化社会が、アメリカでまず実現された。大量生産に伴う大量消費の時代が、先進工業国で進むことになった。

いろいろな製品の大量生産が実現された背景には、生産のために大量の化石燃料が使用されただけでなく、自動車の利用は、石油資源からのガソリンの大量消費を生みだした。その結果として、大気中への大量の炭酸ガス（CO_2）放出があり、このガスが徐々に大気中に蓄積されていったのだが、一九五〇年頃までは、このガスの蓄積による保温効果が、人々の注目を浴びることはなかった。しかし、一九〇〇年頃から以後、世界各地で年平均気温の上昇は、人々によって気づかれていたのであった。この大気の保温効果が、大気中への炭酸ガス（CO_2）の蓄積によるのだと指摘され、この気候の温暖化傾向が、政官民全ての人々に注目されるようになったのは、一九九〇年代に入ってからのことであった。一九九二年夏に、ブラジルのリオ・デ・ジャネイロで各国政府首脳による気候温暖化についての対策をめぐる国際会議が開かれた。

よく知られているように、一九九七年秋に京都で開かれたCOP3と題した、気候温暖化をめぐる国際会議では温暖化ガスである炭酸ガス（CO_2）の排出量に対する規制その他をめぐって、各国に対する遵守事項が論じられ、要請された。しかし、発展途上国には何の規制も課されないという例外措置がとられたことや、アメリカの脱退などがあり、実効性は発揮されなかった。そうは言うものの、地球温暖化（global warming）が、取り組むべき重要な課題として国際政治の場に登場してきた意義は大きいと言うべきであろう。地球温暖化の真の原因が、本当に炭酸ガス（CO_2）の大気中への蓄積と滞留によるかどうかについての検証がなされる手段がみつからなかったとしても、先進工業国に住む人々に関心を抱かせたことについては、一定の評価を与えてもよいのであろう。

ところで、地球温暖化の原因だと指摘された炭酸ガス（CO_2）の大気中における循環が、どのように評価されているかについて、一〇年余り前に公表されたＩＰＣＣによる報告をみると、図10に示すようになっている。化石燃料の使用による炭酸ガス（CO_2）の排出量は年間五五億トン、熱帯雨林の破壊によるものが一六億トンで、両方合わせて七一億トンが、大気中へと排出される。これらの炭酸ガス（CO_2）は海洋による吸収、森林の再生、地球の生態系（陸上）による吸収などにより、排出されたこのガスの回収がなされるが、大気中に三三億トンが年間に残留し、これが地球温暖化をもたらすことになる。

他方、もう一つの温暖化ガスである水蒸気（H_2O）は地球という一つの環境系の中で循環しており、炭酸ガス（CO_2）の場合のように、大気中に残留し、増加していくということはない。長期的にみて懸念されているのは、地球温暖化による海洋や河川からの水の蒸発により、それらの一部が大気中に残留し、この温暖化が加速されるという効果である。もう一つは大気の上層部にまで到達した水蒸気の一部は両極地方の上空から、地球外の空間へと向かって流れだしていっている極風（polar wind）によって、地球外へと失われていくことの効果である。この効

炭酸ガス（CO_2）の大気中循環（IPCC 1995）

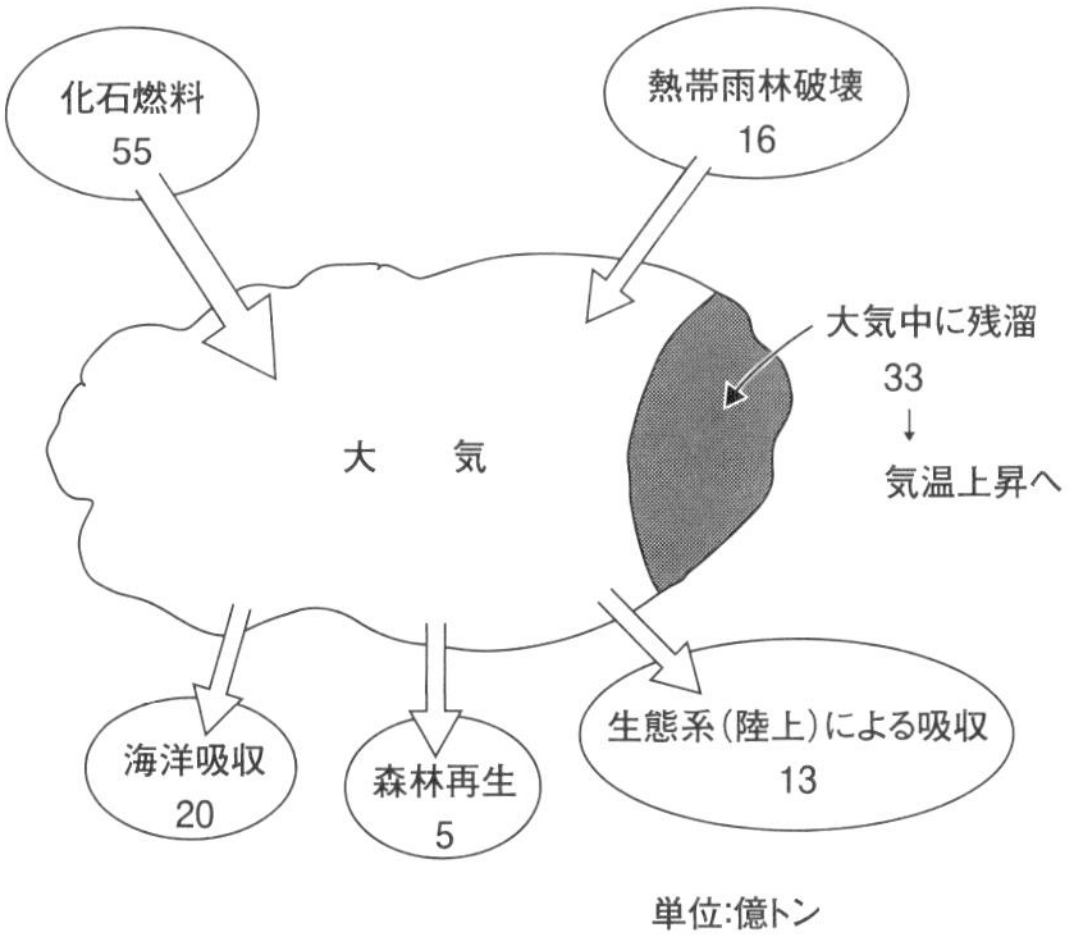

図 10　大気中における炭酸ガス（CO_2）の循環と大気中への残溜量（IPCC 評価報告（1995）による）.

果は極めて小さいものと見積もられているが、地球の歴史に関わる長い時間では、無視しえない影響を、地球環境に生じるものと思われる。水の循環については、炭酸ガス（CO_2）のそれのような事態は起こらないであろうが、念のために、水の循環過程について、図11に、大よそのところをまとめて示しておこう。水（H_2O）は、窒素（N_2）、酸素（O_2）に比べて質量が小さく、極風により失われる割合が、ほんの少しだが大きい。そのため、遠い未来には、海洋の占める面積が減少、生態系が変わる可能性が示唆されている。

温暖化をひき起こすのは炭酸ガスの蓄積だ

図10に示したように化石燃料の使用と熱帯雨林の破壊により年間、七〇億トン余りに昇る炭酸ガ

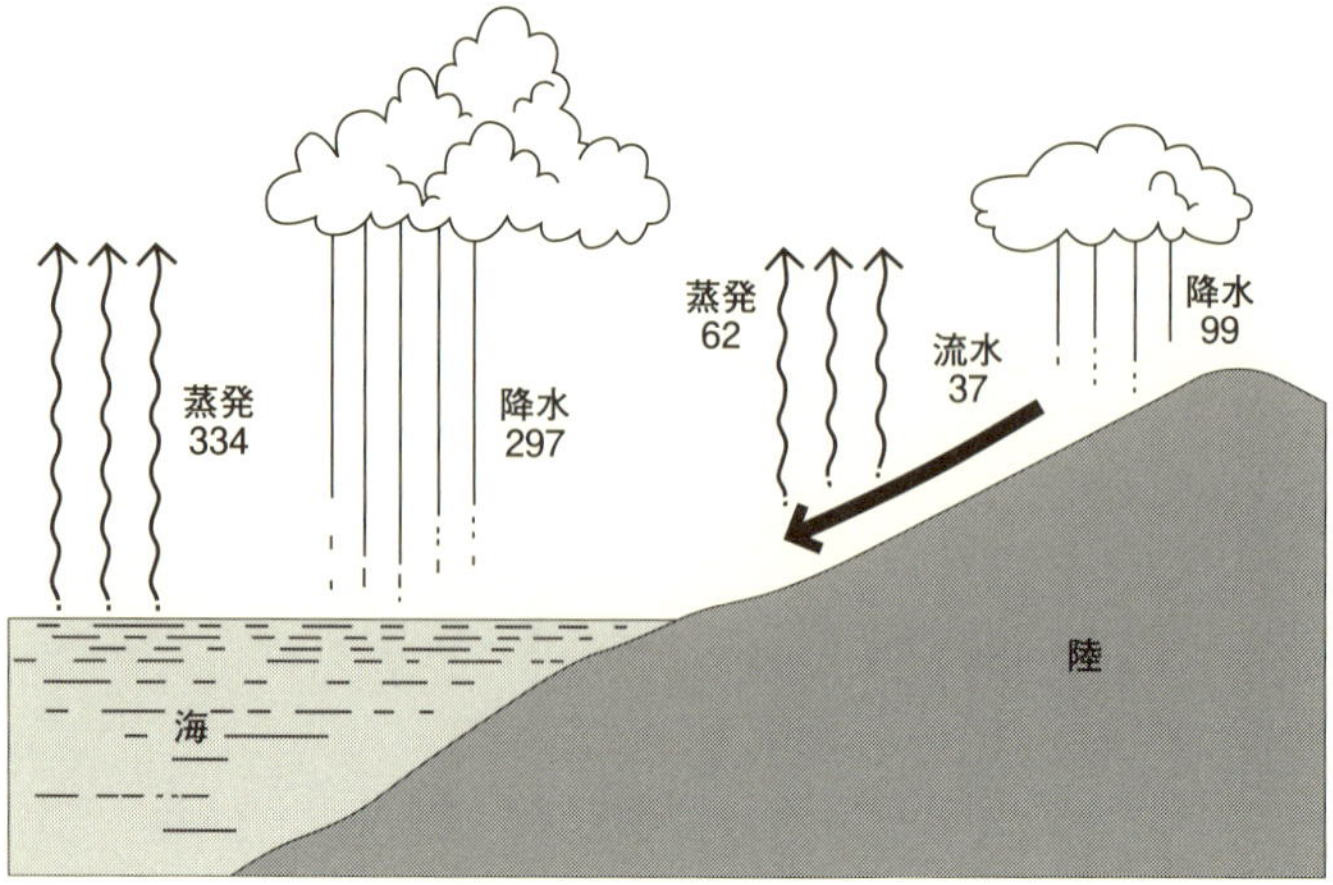

図11　大気，海洋および大地から成る地球環境内における水の循環（概念図）.

ス（CO_2）の大気中への排出が、今から一〇年余り前にすでに報告されている。その後の世界の工業生産力の増大と経済規模の拡大からみて、現在は排出量が更に増加しているものと推測される。特に、新興国と呼ばれる中国とインドの経済の発展は目覚ましく、中国による炭酸ガス（CO_2）の年間排出量は、アメリカのそれを越す勢いである。

昨年（二〇〇九年）一二月に、デンマークのコペンハーゲンで開かれたＣＯＰ15では、炭酸ガス（CO_2）の大気中への蓄積が、気候温暖化をもたらすことについては、参加各国間で、その危険性に対し、合意はえられたが具体的な対策や各国が遵守すべき義務条項については、何一つ決まらなかった。大気中への炭酸ガス（CO_2）の蓄積が、現在進行しつつあるとされている地球温暖化（global warming）の原因であるとすることについては、現代世界における各国の共通認識だと言ってよいであろう。このように表現するに当たって、忘れてはならないことの一つは、二〇〇〇年頃から、年平均気温の上昇が止まったことを示す観測結果がえられていることである。図12に示すように一九九九年以後、この年平均気温はほぼ一定に推移している。研究者によっては、この気温は下降気味だと主張されている。

年平均気温と炭酸ガス（CO_2）の大気中の濃度（concentration）と時間的な推移については、図13に示すように、両者は必ずしも平行的に年とともに変わっているわけではない。研究者によっては、

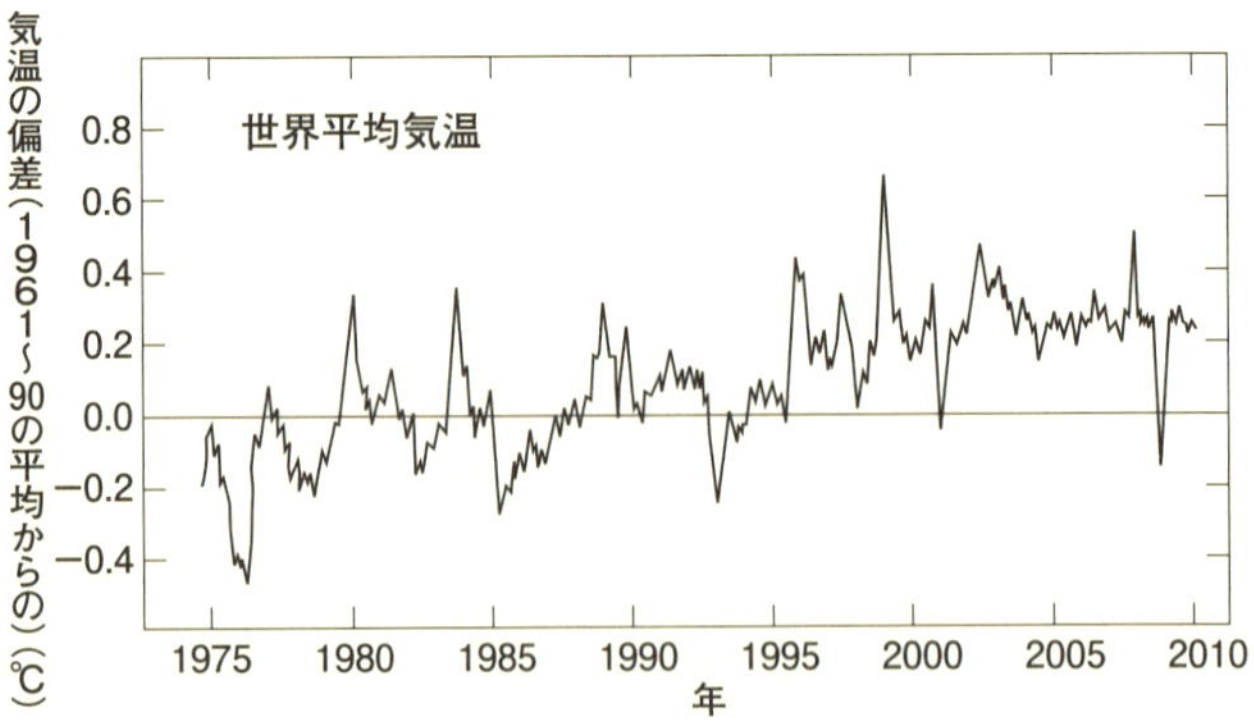

図 12　1975 年以後，現在に至るまでの世界の気温変化のパターン（R. A. Kerr (2009) による）（図 44 もみよ）.

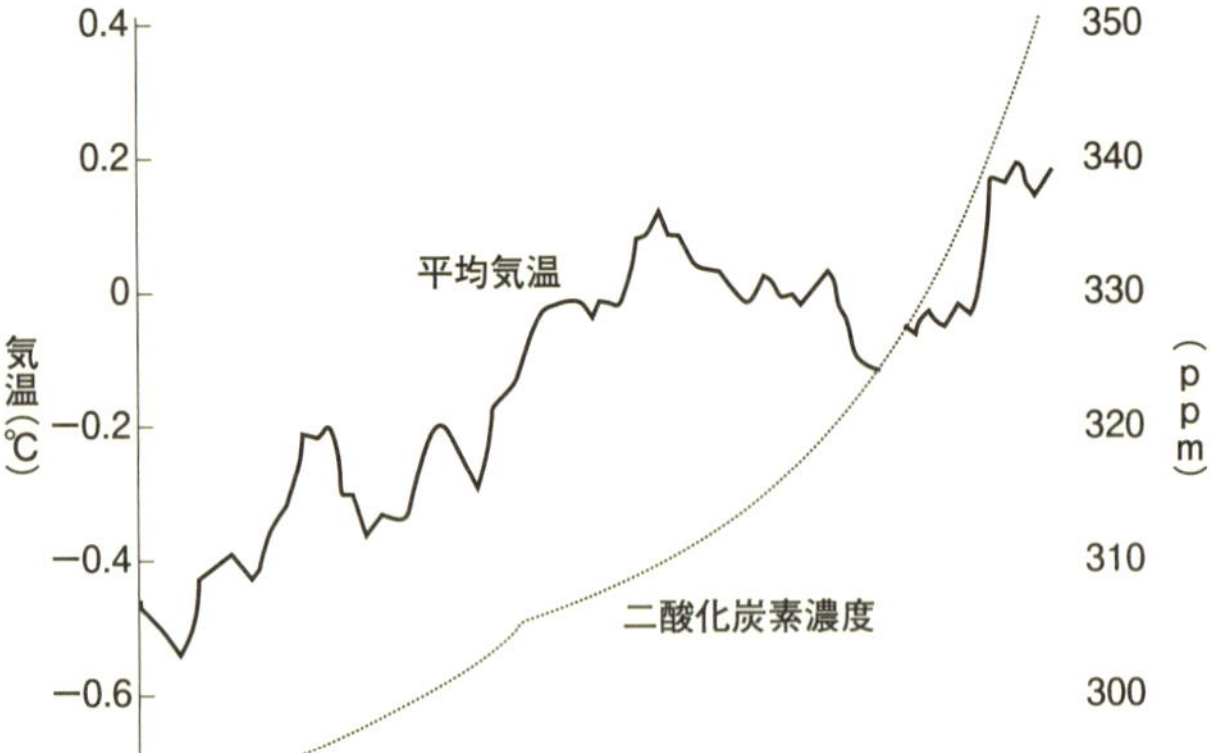

図 13　1880 年以後における世界の年平均気温と炭酸ガス（CO_2）の大気中濃度との経年変化.

この年平均気温の推移は、太陽活動周期（サイクル）の長さとむしろよく合っているという結果がえられている。図14に示したように、二〇世紀に入ってから、両者の間には大変よい相関関係のあることがわかる。この結果に対し、強い反発を示した気候変動に対する研究者たちが数多くいた事実も、ここで指摘しておこう。

図14に示したような結果もえられていることから、人類の産業活動の拡大による大気中への炭酸ガス（CO_2）の排出がもたらす蓄積の結果が、地球温暖化（global warming）をひき起こしているとする結論を躊躇する向きもあるという事実にだけ、ここではふれておこう。

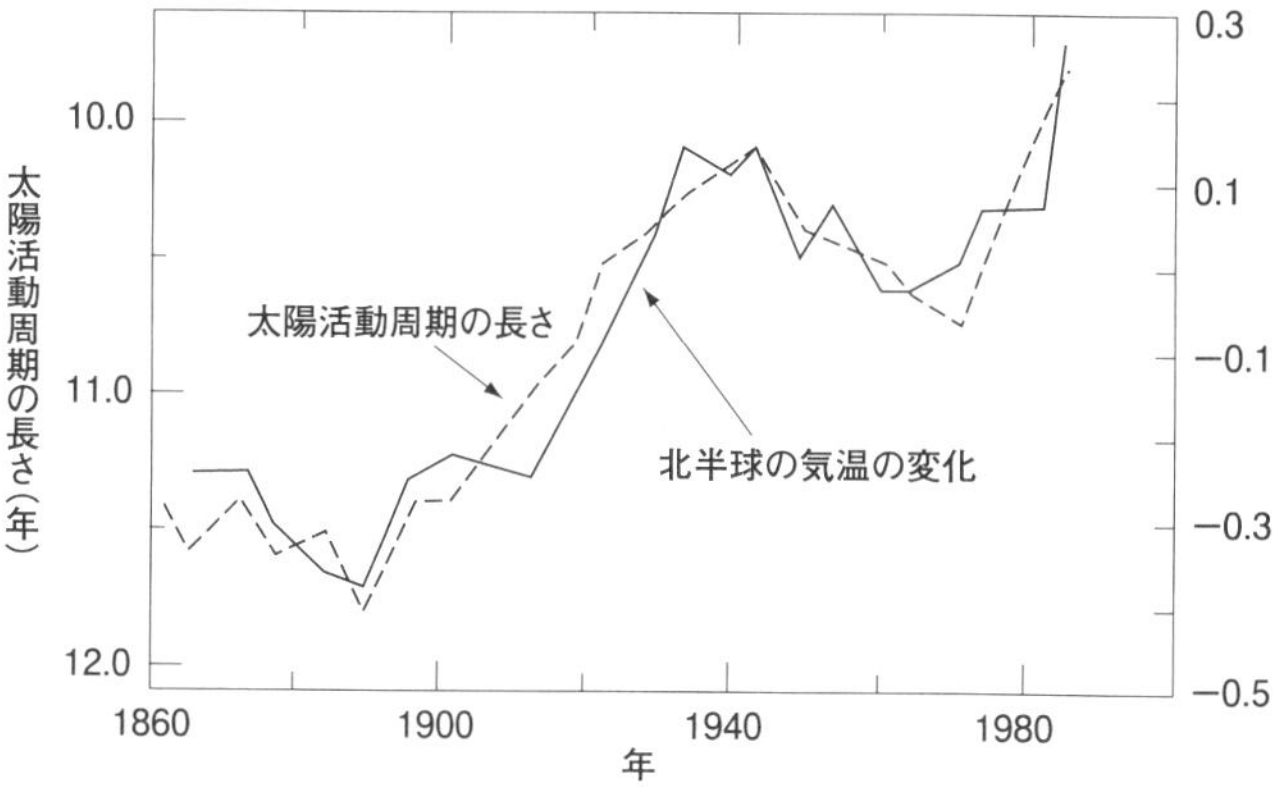

図 14　相対黒点数から求めた太陽活動周期（サイクル）の長さの経年変化（破線）と地球北半球における年平均気温（平年からのずれ，実線）の経年変化との関係（E. Friis-Christensen（1991）による）.

第3章　外因説
―太陽、星間ガス、地球の公転ほか―

前章の終わりに、太陽活動周期（サイクル）の長さと、年平均気温の変動との間に、何らかの因果関係の存在を示唆する結果を、図14に示した。太陽活動周期またはサイクルとは、太陽の光球面に生成される黒点や、黒点群の発生頻度について、その数え方を工夫し、相対黒点数（Relative Sunspot Number）という表示法が用いられるようになってみつかった一種の周期性で、ほぼ一一年で繰り返すので、このように呼ぶのである。みつかったのは、一八世紀に入ってからのことであった（詳しくは第五章を参照）。

一年ごとの総黒点数、あるいは、この数から計算された年平均相対黒点数、または、月平均相対黒点数について、その時間変化を調べると、先にふれたように、大よそ一一年の周期性を示しながら、増減を繰り返しているのがわかる。この約一一年で繰り返す期間を、太陽活動周期（solar activity cycle）あるいは、サイクルと呼び慣らわしている。一般的に言って、この周期が、八年とか一〇年と一一年より短くなると、その周期の極大黒点数が、一一年より長かった場合に比べて大きくなる（図48をみよ）。相対黒点数を太陽活動の指標（index）として用いるので、周期が一一年より短い場合の方が太陽活動はより活発化する。あるいは、より高いと呼ばれるのである。

太陽活動が高い時期には、地球磁場の乱れやオーロラの発生頻度が大きくなるので、太陽の地球に及ぼす影響は太陽活動の活発さ、あるいは高さに強く依存しながら、ほぼ一一年の周期で、太陽活動とともに変化しているのである。一九八〇年代にアメリカにより打ち上げられた太陽観測衛星（SMM、Solar Maximum Mission の略称）は、太陽からの全電磁放射エネルギーのフラックス（エネルギーの流れの量）を、歴史的に初めて観測したが、その結果は驚くべきもので、このフラックスが相対黒点数の時間変動とほぼ同期しながら変動するという事実であった。その上、相対黒点数が約一一年の周期中で最も大きい時期に、このフラックスは極大となる傾向を示すことが、明らかにされたのであった。だが、フラックスの変動の幅は極めて小さく、精々〇・二パーセント（％）ほどであった。このフラックスが極大となるのは、相対黒点数が極大となる時期であり、極小となるのはこの黒点数が極小となる時期であった。このフラックスは、太陽活動の活発さとは無関係で一定とみられていたのだが、SMM衛星による観測結果は、かつて太陽定数と呼ばれたこの太陽から放射される電磁エネルギーのフラックスが、太陽活動とともに変わっていくことを明らかにしたのであった。

太陽活動の指数や太陽から放射される電磁エネルギー・フラックスが時間的に変化していくことからその影響が、地球環境、特に、地球の気候に及ぶのではないかと想定されたのは、当然の動きであった。本章では、このような最近になって確立された事実、その他について、地球温暖化との関わりを調べていくことにしたい。

太陽放射は地球環境維持の第一原因だ

この節のタイトルに用いた〝太陽放射〟は、英語で表すなら〝Solar Radiation〟に当たり、太陽から毎秒ごとに、外部空間に向けて放射されていく電磁エネルギー総量か、そのフラックス（エネルギーの流れの量）を表す。このフラックスは、太陽に面した一平方メートル（$1m^2$）当たり、毎秒通過していくエネルギー量（$J/s \cdot m^2$、またはW/m^2、Jはジュール、sは秒、Wはワット）により表すと、第一章で述べたように、$1.37 \times 10^3 W/m^2$、（最近の詳しい観測結果では$1368W/m^2$）である。このエネルギー・フラックスは、太陽活動周期（サイクル）を通じて、精々〇・二パーセント（％）しか変化しないので、あらためて、太陽定数（Solar constant）と呼ばれることもある。

地球の大気中には、水蒸気（H_2O）と炭酸ガス（CO_2）の二つの分子群が広がって分布しており、これらの分子がもつ温室効果の働きにより、現在、私たちが経験しているような比較的穏和な気候が実現されている（第一章第一節「地球環境の成り立ち」を参照）。太陽放射は図1に示したように、地球大気の加熱にすべてのエネルギーが消費されるわけではなく、一部はアルベド効果（反射能）により、加熱には利用されず、外部空間へと反射されてしまう。

しかし、大気の加熱に利用された太陽放射のエネルギーは、大気中にとどまるわけではなく、加熱された大気、海洋、それに大地から赤外線を主とした大気からの放射として、外部空間へと失われてしまう。この様子は、図15に示すような形式に表される。地球大気ほかの加熱に利用された太陽放射エネルギー量と、加熱された地球環境から大気放射として外部空間へと失われるエネルギー量が、等しければ、地球環境は一定の同じ状態に維持され、いわゆる放射平衡の状態が実現されることになる。現在、巷間（こうがん）で喧伝されている地球温暖化は、この放射平衡が、人類の産業活動を通じて排出するエネルギーが余剰のエネルギーとして大気放射に加わるので、この放射の効率を上げるために、地球環境、特に大気の温度を上昇させる強制効果(forcing effect)が働くことによる。地球温暖化は、元々

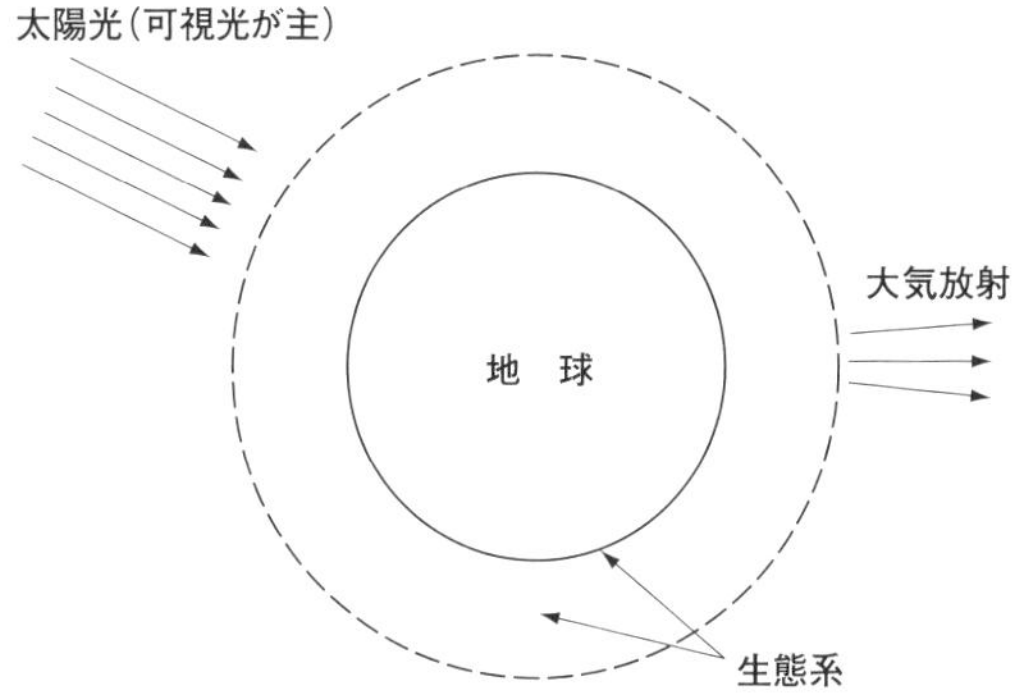

図15　地球は太陽からの電磁放射エネルギーを取りこむが，利用後，大気放射（主に赤外線）として宇宙空間へと放射し,平衡状態（放射平衡）を維持している.

の状態に地球環境を戻そうとする地球自身が固有に保持している機能であることを、ここで注意しておこう。

　前に少しふれたように、太陽放射（電磁放射エネルギー総量）は、太陽活動の活発さにしたがって、約一一年の周期で変化している。その様子は、図16に示してあり、太陽活動の周期と同じに変化しているが、太陽放射の変動幅は僅かに〇・二パー

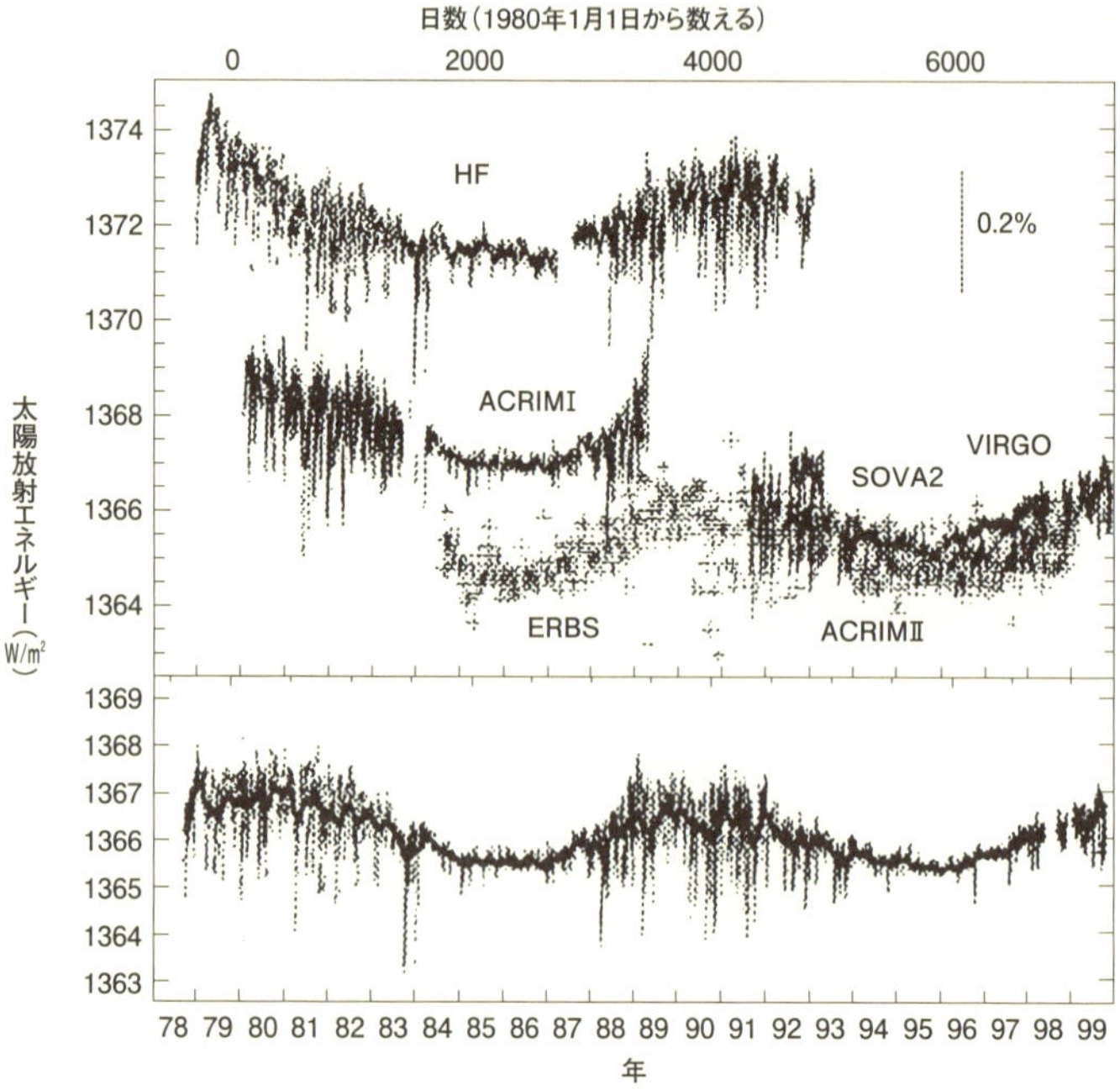

図16　太陽からの電磁放射エネルギー総量（毎秒当たり）の科学衛星による観測結果．太陽活動周期（サイクル）を通じ，この総量が0.2パーセント（%）ほど変動していることがわかる（S. K. Lang（2003）による）．

セント（％）ほどに過ぎない。この放射量が最も大きくなるのは、太陽活動の極大期、言い換えれば、太陽の光球面に最も多く黒点が観察される時期なのである。だが、こんな僅かな放射量の変動では、地球環境にはほとんど影響しないので、気候変動にはまず関係ないものとされている。

太陽からは電磁放射（光）エネルギーが、送り届けられているだけでなく、地球環境の形成にとって重要な役割を果たす、陽子ほかの原子核や電子から成る高速のイオン化したガスの風の存在がある。この風は、その存在を予言した科学者、パーカー（E. N. Parker）により太陽風（Solar Wind）と呼ばれている。平均の秒速が四五〇キロメートル（km）ほどあり、地球の公転軌道で、ガス密度は、陽子にして一立方センチメートル（cm³）当たりおよそ一〇個と超低密度である。

この太陽風が、実は、地球環境の形成に、基本的に重要な役割を果たしているのがわかったのは、今から半世紀ほど前のことであった。よく知られていることであろうが、地球は磁場をもっており、その様子は、巨大な棒磁石を地球の中心に埋めこんだような形になっている。この磁石の北極（N極）は、地球の地理的な南極側に、したがって、南極（S極）は地理的な北極側に位置している。そうであるからこそ、登山や旅行などに、携帯用の小さな磁石で、私たちは南北の方向、特に、北極がどちらの方向かわかるのである。磁場の引き合う力は南（S）と北（N）の両極が互いに引き合う力を及ぼし合うからである。

地球の磁気は、外部の空間に磁場を広げることにより、その作用を及ぼしているが、私たちはこの作用を磁力線というモデルを用いて、その様子を描きだすことができる。この磁力線に電荷を帯びたイオン化した粒子、例えば、陽子や電子が、運動する中で出会うと激しくその運動方向を曲げられてしまう。地球の磁場に、太陽風のイオン化したガスが出会った時には、これらのガスは、太陽に面した側では激しく曲げられてしまい、地球半径の一〇倍くらい離れた空間までしか入ってこられない。反対の夜側では、このガスはすり抜けるようにほぼ自由に運動できるので、地球の周囲の空間には図17に示すように、地球の磁力線の働きに卓越した領域が形成されることになる。この磁力線が広がっている領域が、地球の磁気圏（magnetosphere）と呼ばれているのである。

図17に示した磁気圏の構造から推測されるように、太陽風は地球の磁場により妨げられて、地球の表面付近には侵入できない。太陽からの電磁放射だけが、地表や大気圏に届くことになり、第一章で述べたような放射平衡の状態が、大気圏に実現されることになる。地球と大きさが余り違わない惑星に金星があるが、この惑星は、地球に比べて太陽に距離にして二〇パーセント（％）ほど近い。この金星には磁場がなく、磁気圏が形成されていないので、太陽風が金星大気の上層部に直接吹きこんで、この大気を加熱、暖めている。その結果、金星の大気は三〇〇℃以上の高温にまで加熱されているので、水は蒸気の状態で大気中に分布している。大気の主成分は炭酸ガス（CO_2）なので、大気は今述べ

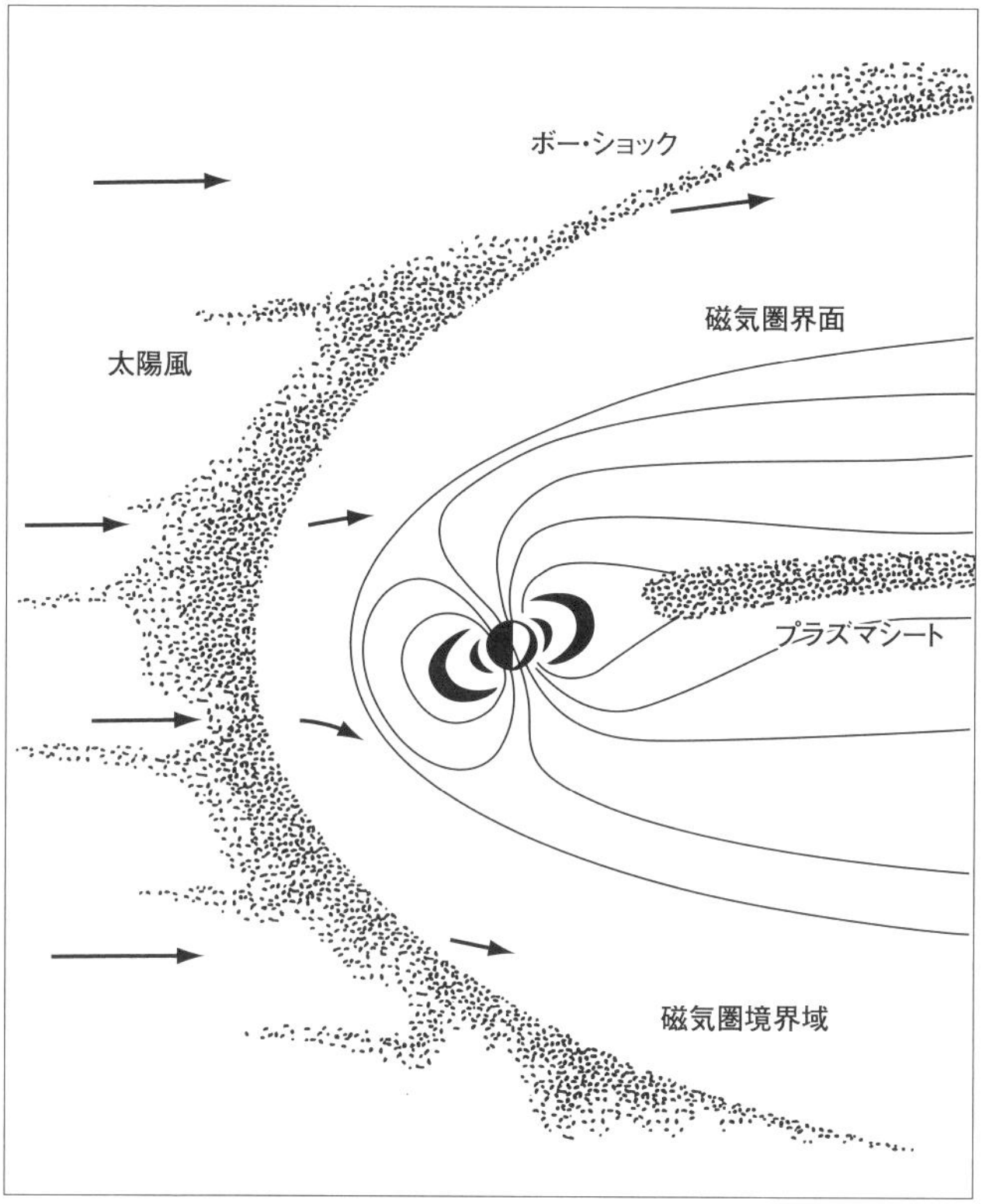

図 17　太陽風との相互作用により地球の周囲に形成される磁気圏(Magnetosphere)の構造．磁力線のパターンが描かれている．地球の近くに描かれた，黒いソラ豆状の領域が，電子やイオンが捕捉されている放射線帯を表す．

たようにこんな高温の状態になってしまっているのである。

最近の研究結果によると、地球に磁場が存在するようになったのは三五億年近く前のことで、この磁場の生成が、生命の起源を可能にしたのではないかとさえ言われている。地球の周囲に磁気圏が形成されたことが、地球上に生命を生みだすことになったのだとしたら、ある種の奇蹟が、地球の進化における初期の歴史に起こったのだということになる。更に研究結果では、三四億五千万年前頃の地球の磁場の強さは、現在に比べて小さく、太陽に面した側における磁気圏の広がりは、地球半径の約五倍で、現在のそれのほぼ半分であったようである。太陽面上で、フレア（flare）と呼ばれる爆発現象が発生し、それに伴って、上層のコロナ・ガスが大きな塊となって外部空間に放りだされたものが、地球の磁気圏と正面から衝突した時、磁気圏の大きさが約二分の一にまで押し縮められることが知られている。地球に磁場が生成された初期には現代の半分程度の大きさに磁気圏はなっていたのであろう。

現在では、先にみたフレアによって外部空間の放出されたコロナ・ガスの塊が、地球の磁気圏と衝突し、磁気圏の大きさが半分ほどに縮んだ時、地球の両極地方にはオーロラ（aurora）が乱舞し、地球の磁場の強さや向きは激しく乱される。これらの現象については、次の第四章でもう少し詳しくふれることにしよう。

天の川銀河の構造との因果的な関わり

太陽は、天の川銀河に二〇〇〇億~四〇〇〇億あると推測されている恒星の一つだが、こんなに数多くある星々の中では、むしろ小さい方に入る。星の真の明るさ、言い換えれば、星が毎秒ごとに放射する電磁エネルギー総量を表す尺度に、絶対等級（absolute magnitude）という表し方があるが、それでは四・八二等となる。地球からみた星の明るさは、星までの距離によって変わるので、こちらは〝みかけの等級〟として、先の絶対等級と区別されている。絶対等級は、星の位置が、地球から一〇パーセク（pc）、すなわち、三二・六光年離れたところにあったとして、換算した明るさで、人間の眼で見たら四・八二等と五等に近いのだから、この距離だけの離れたところに太陽があったとしたら、私たちに辛うじて見えるといった暗い星となってしまう。古代に生きた人々が、星のみかけの明るさについて分類し、等級をつけた時、肉眼で見える最も明るい星々を一等、肉眼でやっと見える最も暗い星々を六等に分類したのだった。そうすると、四・八二等の太陽は、ずい分暗い星だということになる。

この節の話題から脱線してしまったので元に戻って、天の川銀河内における太陽、つまり、地球の運動をとり上げてみよう。太陽は天の川銀河の中心から三万光年（一光年は光が一年間に走る距離で約10^{13}キロメートル（km）（＝一〇兆km））ほど離れた空間中を、太陽と銀河中心を結んだ直線にほぼ垂直の方向に、銀河面から出たり、また、入ったりしながら約三億年で一周している。銀河は回転しており、太陽の辺りでは三〇〇キロメートル（km）毎秒の速さである。太陽は、この速さより約二〇キロメートル毎秒（km/s）だけ速いので、先に記したように約三億年で、一周することになるのである。

天の川銀河の構造は、真横から眺めると、薄い円盤状に星々やガス、またチリ（dust）といった星間物質が分布している（図18）。この円盤状の銀河に対し、その垂直の方向から見ると図19に示すように、星々は、ある特定のいくつかの領域にらせん状になって分布

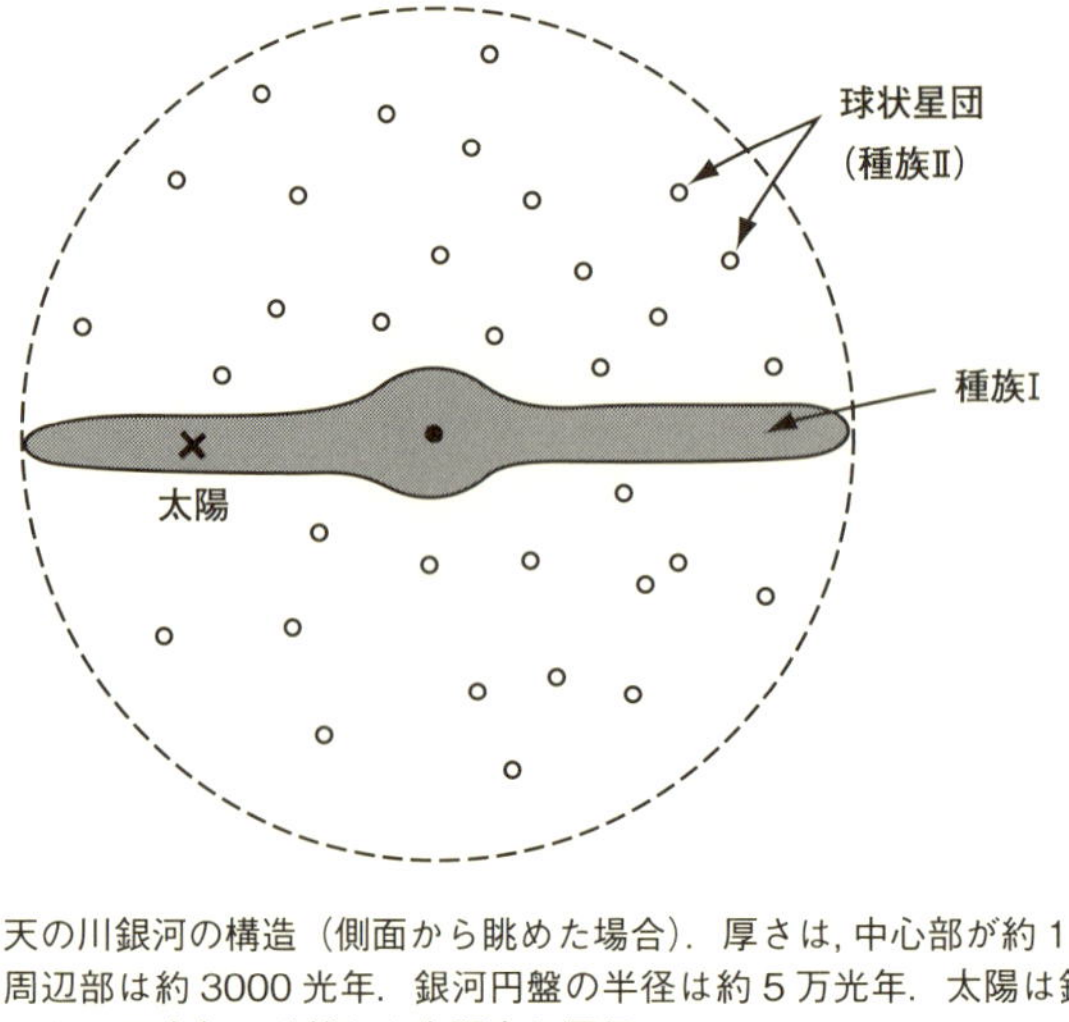

図18　天の川銀河の構造（側面から眺めた場合）．厚さは，中心部が約1万光年．周辺部は約3000光年．銀河円盤の半径は約5万光年．太陽は銀河中心から3万光年ほど離れた空間中を運行している．

している。太陽は円盤状の銀河内を、先にみたように約二〇キロメートル毎秒の速さで運動しているのだが、星々が多い領域では、これらの星々の重力の働きにより、引きつけられる向きに運動が曲げられることから、円盤状の領域からはみ出たり、また戻ったりの運動をしているのである。

現在、太陽は星々がらせん状に数多く分布しているオリオン・アーム（Orion arm）と名づけられた領域

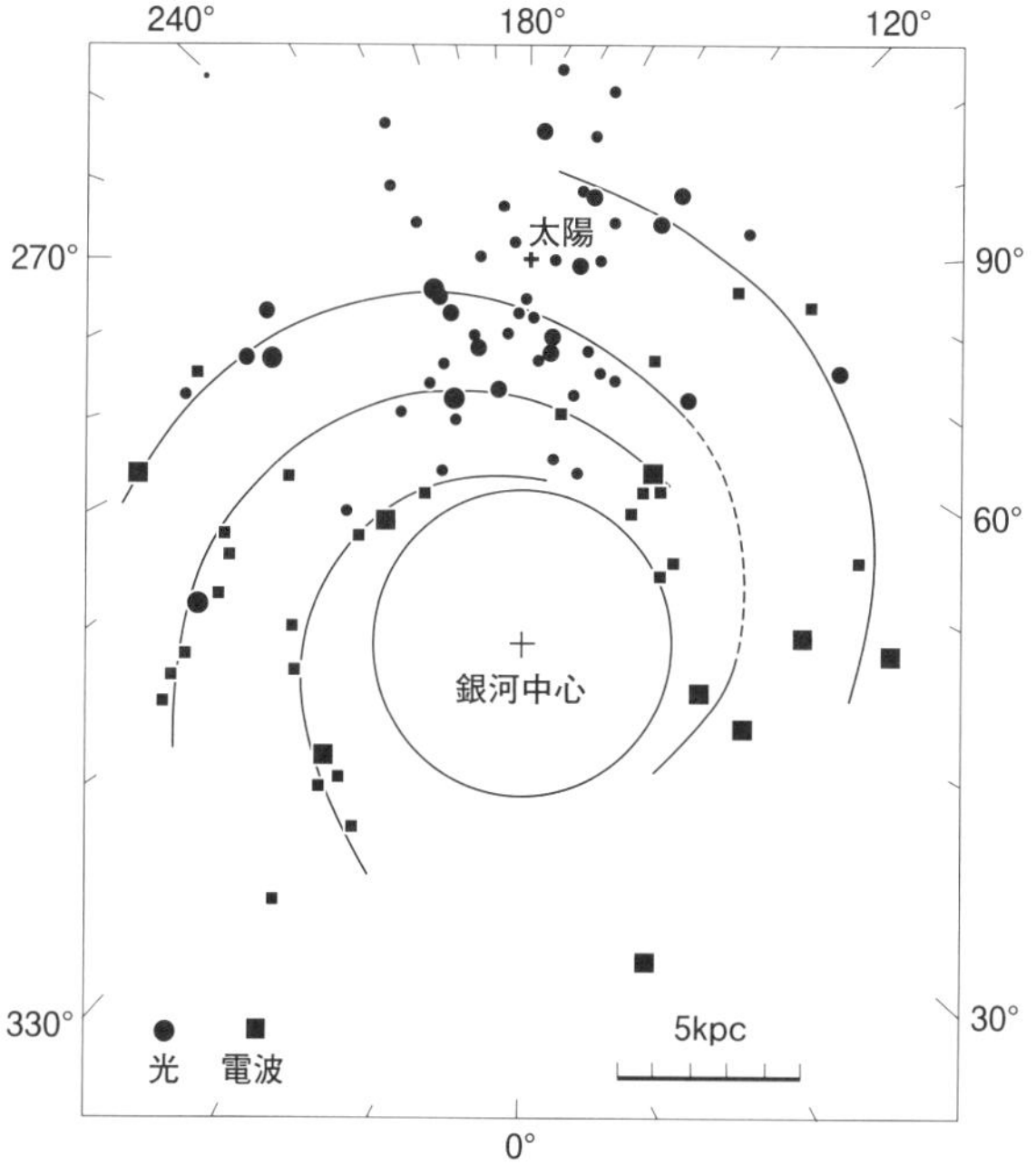

図 19　天の川銀河を円盤領域の垂直方向から見た構造．星々やガスから成るアーム（arm，腕）が何本か中心部かららせん状に広がっている．

内を、運動していることがわかっている。このアームと呼ばれる領域には、太陽の質量に比べてずっと大きい質量の星々（OとかBという型に分類される）が比較的多く分布している。これらの星々の一生の長さは、太陽のそれに比べて遥かに短く、その最期に超新星爆発と呼ばれる大爆発をひき起こし、星の外層部を宇宙空間に撒き散らす。これらが星間物質として、アーム中に広がって存在している。この爆発により、間接的ながら、宇宙線と呼ばれる高エネルギーの陽子を初めとした原子核を大量に生成するので、アーム状の領域には、宇宙線と呼ばれる高エネルギー粒子群の存在密度が、相対的に高くなっている。

太陽と地球を初めとした惑星たちが、天の川銀河内を運動する時、こうしたアーム内を通過しているおりには、地球にはより多くの宇宙線が流れこむものと予想される。このような状態となれば、地球に侵入した宇宙線は、大気中の窒素や酸素の分子と衝突、これらの分子を破壊し、大量のパイオンと呼ばれる素粒子を作りだす。これらの粒子は一億分の一秒ほどの寿命で、ミューオンにこわれ、これらの中でよりエネルギーの高い成分は、地上二〇〇〇～三〇〇〇メートル（m）付近の大気をイオン化し、それが基となって水滴が形成される。下層大気における雲の形成である。

このような過程を通じて、太陽がアーム中を通過している時には、地球は雲、それも下層雲に覆われる時間が長くなり、太陽からの電磁放射エネルギーが雲により反射される効率が上がるので、地球環境は、むしろ寒冷化に向かう。

こんなわけで、アームの外側を、太陽が運動している時には、地球の気候は温暖化の傾向を示す。太陽がアーム中を運動している際に、その通過する空間で頻繁に超新星爆発が起こっているといった状況となっていたら、地球環境の寒冷化は著しく、全地球凍結（Snowball Earth）といった事態をひき起こすことになると推論されている。氷河期も、アーム中を太陽が通過していく際に、宇宙線が地球に相対的に多く侵入することから起こるものと思われる。

太陽は天の川銀河内に存在するいわばちっぽけな星（tiny star）なのだが、この銀河内の運動を通じて、地球環境に大きな影響を及ぼしているのである。このような事情を背景に、宇宙気候学（Cosmoclimatology）という学問を提唱している研究者が世界の中にいることを、ここで指摘しておきたい。

太陽圏の構造と宇宙線強度の永年変化

太陽風と呼ばれる超音速のイオン化したガスの流れは、太陽からどれ程遠くまで広がっているのであろうか。この問題について、これから研究することにしよう。そのわけは、この広がりは太陽風が吹き荒れている領域の中で、地球の気候変動にも関係した現象も、いろいろと起こっていると推測されるからである。

天の川銀河空間には、イオン化したガスといわゆる銀河磁場が存在しているので、太陽風は、これらのガスや磁場を押しのけながら吹いているのだが、太陽からの距離とともに太陽風のガス密度は大まかにみて、この距離の二乗に逆比例しながら下がっていく。太陽風は太陽からあらゆる方向に吹きだしていくので、今みたように、この風の密度が小さくなっていくから、天の川銀河に存在するガスと磁場のエネルギー密度といずれ同程度のエネルギー密度の状態に、太陽風もなってしまう。この時、太陽風は、銀河空間のガスや磁場により、それ以上遠くまで広がれず、せき止められてしまうことになる。超音速の流れが、せき止められるので、そこに衝撃波（ボー・ショック）が形成され、図20に示すような、太陽風

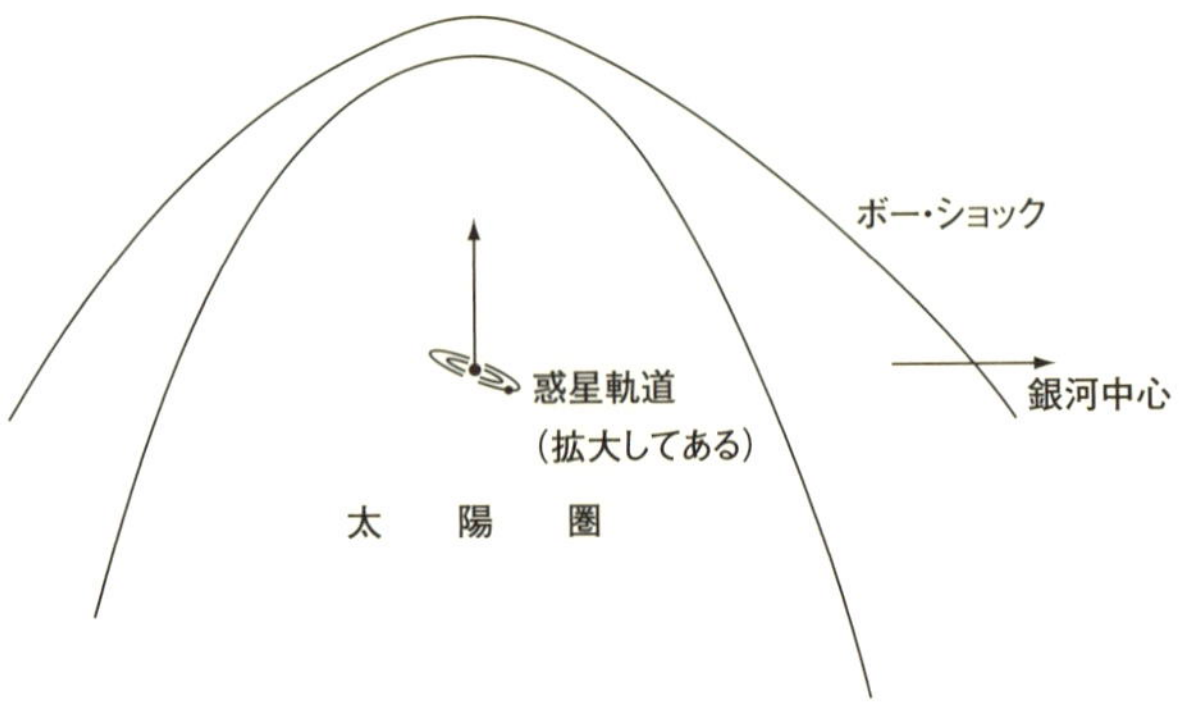

図20　太陽圏と太陽の運動方向．惑星たちの公転軌道が，拡大して示してある．

の吹き荒れる空間が形成されることになる。この衝撃波の形は、弓の形に似ているので、ボー・ショックと呼ばれるのである。ボウ（Bow）は弓のことである。そして、この空間が、太陽圏（Heliosphere）と呼ばれているところである。

衝撃波が、太陽が進んでいく方向に形成され、この反対の方向は吹き流しの尾のように、太陽圏はずっと大きく広がっている。この様子は、図20をみることから了解されるであろう。

太陽圏の内部は、太陽から流れだした太陽風に充たされているが、この流れには重要な役割が隠されている。それは太陽のコロナ中に太陽面から広がる磁場を、この流れが、太陽圏に引き伸ばしていくという働きをもっているからである。この磁場の強さは、太陽面に黒点や黒点群の発生頻度が大きい、言い換えれば、太陽活動の高い時期に大きくなるので、太陽圏内に広がる磁場の強さや構造は、太陽活動の変動に合わせて変わっていく。

この磁場の強さは地球の磁気圏とその周辺にも影響を及ぼすので、地球磁場の変動の様相は、この太陽から広がる磁場によって変わっていく。太陽風の磁場が強くなると、その影響により地球の磁場が変化するが、実際に、両者の間には、図21に示すような関係がある。この図に示したaa指数（aa-index）は地球の磁場の変動（いわば、乱れ）の大きさを表しており、ＩＭＦと記したこの磁場が、太陽から伸びでた磁場の地球付近における強さを表している。ＩＭＦは、Interplanetary Magnetic

Fieldの略号で、惑星間空間に広がる磁場を表している。この図は、一九世紀終わり頃から二〇〇〇年頃までの、太陽活動周期（横軸の数）に対する地球磁場の変動性（aa指数）と太陽から伸びている磁力線の強さとの間には、よい相関関係のあることを示しているのである。今、惑星間空間という言い方をしたが、太陽周囲を惑星たちが運行している空間のことである。

太陽圏の外側から侵入してきた宇宙線は、この太陽から太陽風によって引き伸ばされた磁場により、運動の方向を変えられながら、太陽圏の内部深くまで入ってきて、その一部が地球の磁気圏の内部にまで届くことになる。太陽圏内の磁場の強さは、図21から予想されるように、太陽活動の活発さに、ほぼ比例して変わっていくから、地球大気中へと侵入し

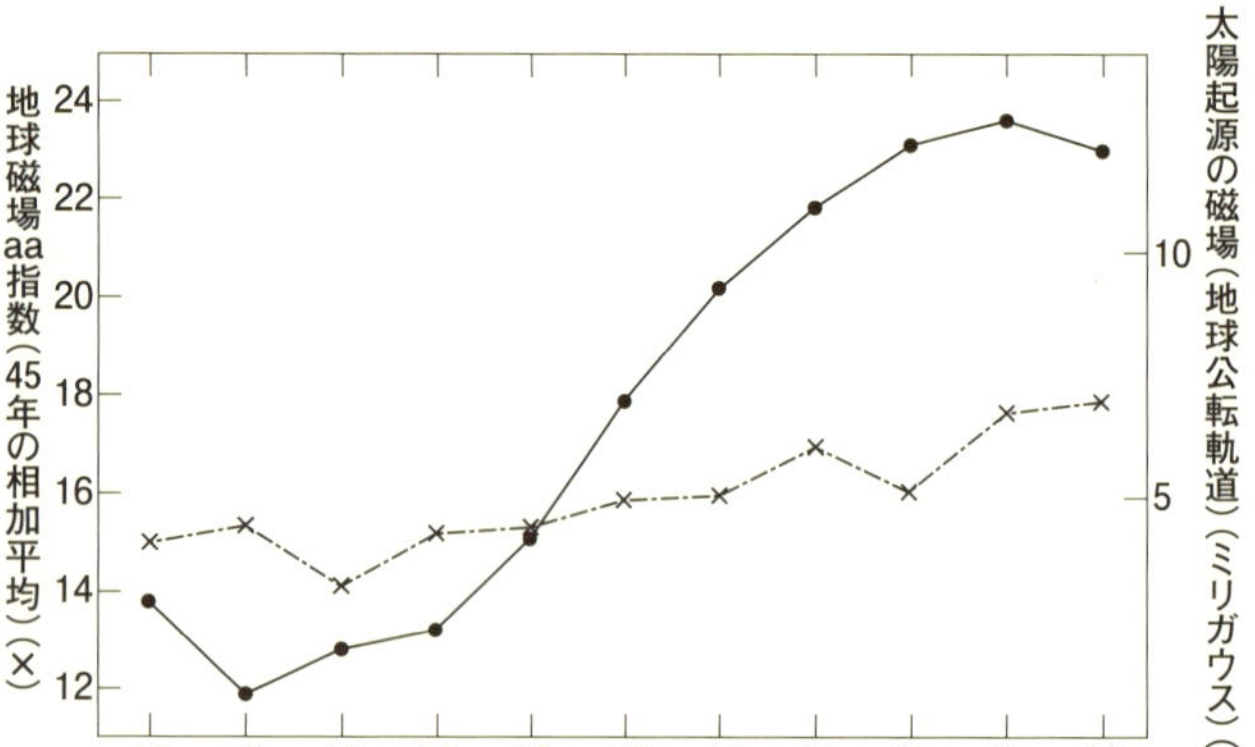

図21　地球磁場の乱れの度合を示すaa指数（aa-index）と，太陽から伸び広がる磁場（IMF）の強さとの関係.

てくる宇宙線の単位時間（例えば、一秒）当たりの数（フラックス）は、太陽活動周期に、大よそ応じながら変化していくと予想される。地上における宇宙線の地球に到来する毎秒当たりの数（フラックス）についての観測は、一九三六年からアメリカで連続的になされるようになっており、この予想を裏づける観測結果がえられている。これは、ロシアのモスクワにおける観測結果だが、図22に示すように、太陽活動周期（サイクル数で示す。図21と同様）の中で、この活動が高い時に、宇宙線が大気中で生成した中性子の数が少なくなることがわかる。

宇宙線は、高エネルギーの原子核群から成り、その大部分は陽子、その一〇分の一ほどがヘリウム核、その他の重い原子核は全体でもごく少数で、精々三パーセント（%）が、その組成（成り立ち）である。

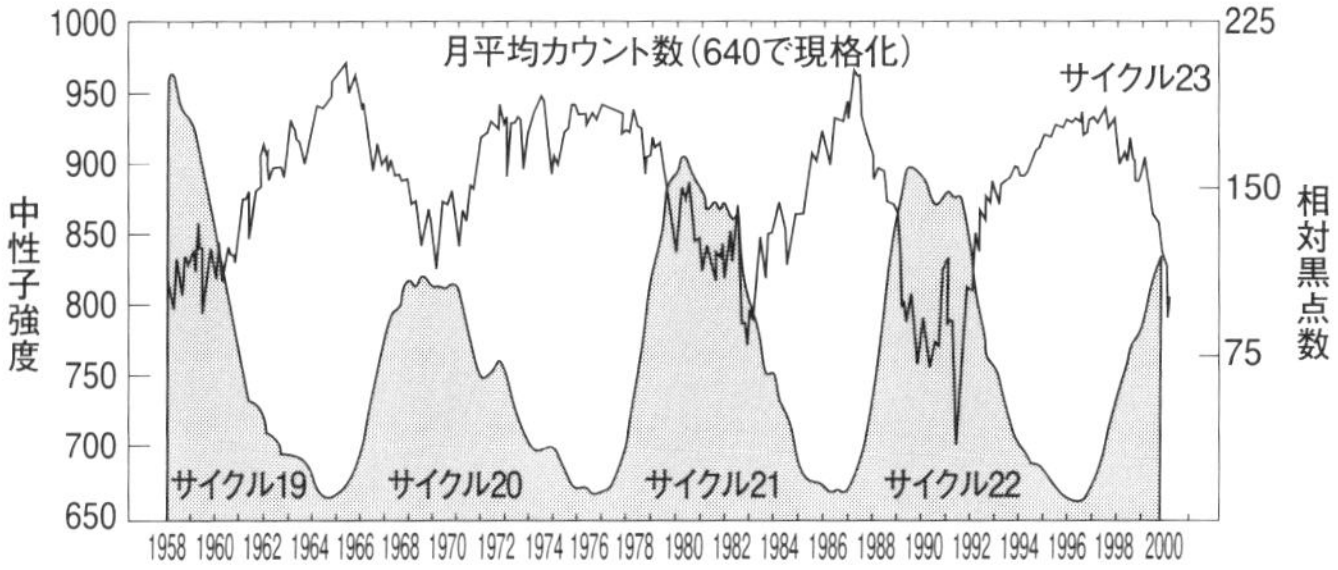

図22　1958年1月～2000年8月にわたる期間に，モスクワで観測された宇宙線中性子強度の経年変化．灰色で表したグラフは相対黒点数の経年変化．太陽活動周期（サイクル）数が示してある．

大気中に侵入した宇宙線は、大気を構成する窒素（N_2）や酸素（O_2）の分子と衝突し、これらの分子を破壊し、陽子や中性子、これらの粒子を結びつけているパイオン（π）を作りだす。この生成された中性子が、図22に示したように、太陽活動周期（サイクル）に対応しながら変化していっているのである。このように長い時間にわたる宇宙線の変化が、永年変化（secular variation）と呼ばれているのである。

太陽の光球に〝しみ〟のように見える、黒点が発見されたのは、一六一〇年前後のことで、ガリレオ、シャイナー、ハリオットといったヨーロッパの科学者により、初めてその存在が示された。現在では発見したのは、ハリオット（T. Harriot）ということになっているが、一六一〇年頃から黒点観測の記録が残されるようになった。それ以後、現在に至るまでの観測記録は、図23 a)に示すように、一七世紀半ばから一八世紀初めにかけての七〇年ほどの期間には、黒点はほとんど観測されなかったが、一七一五年頃から以後は、ほぼ一一年の周期（サイクル）で、黒点の発生頻度によって代表される太陽活動の活発さが変化していることがわかる。この図のb)は、図21に示した結果と同様の惑星間空間における太陽から伸びだした磁場（ＩＭＦ）の強さについての推定値、c)は、この磁場がどの程度まで宇宙線の挙動に影響するかという見積もり、d)では、c)に示した結果に基づいて計算された宇宙線が生成した大気中の中性子数に対する理論値、最後の三周期（サイクル）については実測値（重

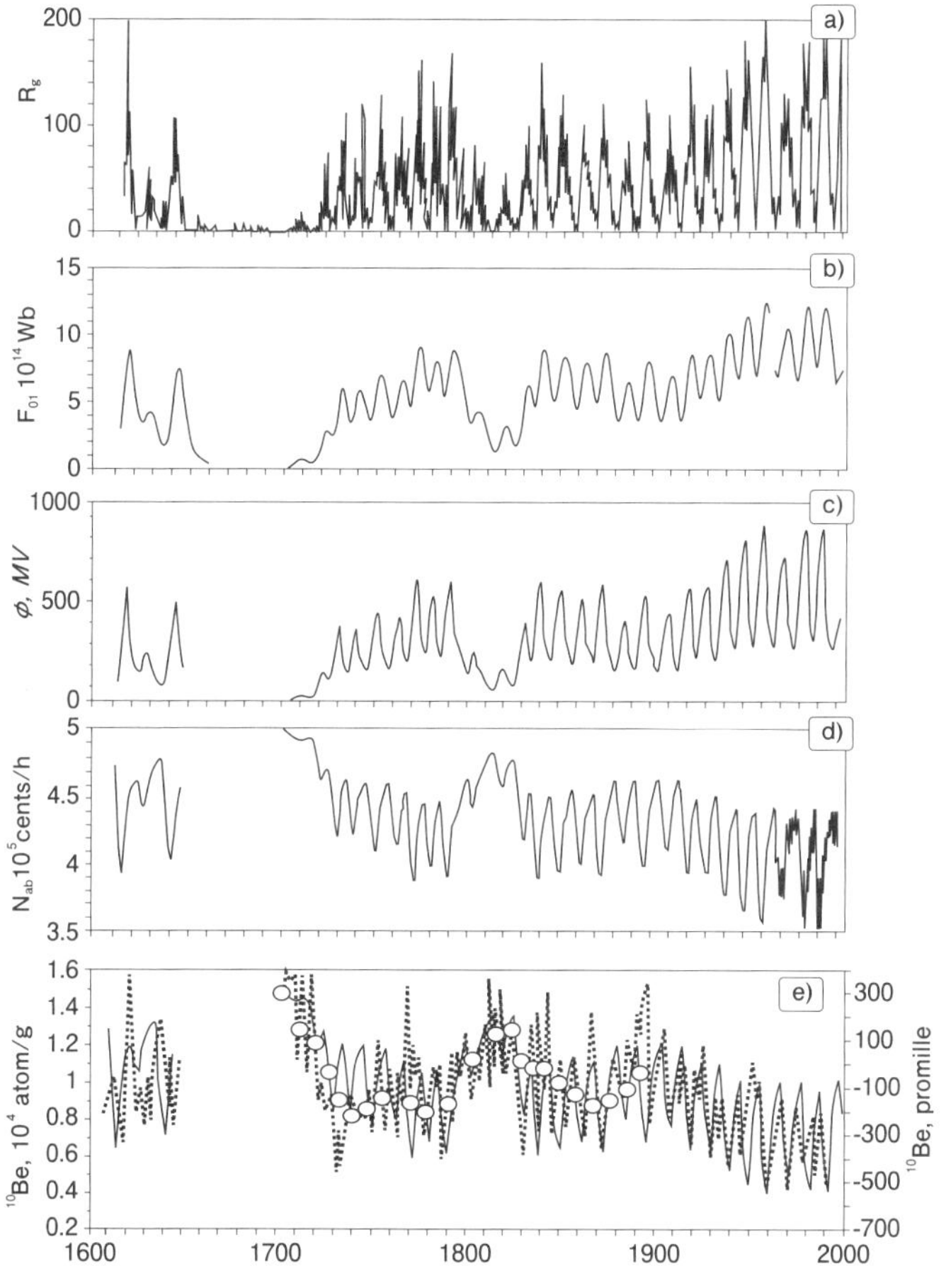

図 23　太陽活動にみられた長期変動と宇宙線強度の長期変動との関係（1600年以後について示す）．この図の説明は，本文中でなされる（Usoskin (2003) による）．

なって黒くなっている）が示されている。この図の一番下のe)は、宇宙線が大気中に侵入して、窒素や酸素の分子を破壊して作りだしたベリリウムの同位体（$^{10}\mathrm{Be}$）についての計算値（黒い線）、点線はグリーンランドに堆積した氷の中に閉じこめられたこの同位体の実測値である。白丸で示したデータは南極大陸の氷の分析から求められたこの同位体の存在量についての八年ごとの平均値である。ベリリウムの同位体（$^{10}\mathrm{Be}$）が、大気中で生成される割合は、大気中への宇宙線の侵入数（フラックス）に比例するので、この同位体の存在量を求めることにより、地球に到来する宇宙線の毎秒当たりの数（フラックス）が推定できるのである。

この図23に示した結果について、図のb)とd)と比較してみると、太陽から太陽風により引き伸ばされて広がる磁場の強さと、大気中における宇宙線の中性子生成率が、図22に示した結果と同様に、太陽活動の高い時にこの生成率が下がっていることがわかる。この磁場が強くなると、地球にまで到来する宇宙線の数が減少し、この図のd)とe)に示したような結果が生じるのである。

地球の磁場の変動について、aa指数について前にふれたが、この変動も、一九世紀初期からガウスやフンボルトにより観測が始められており、この指数がどのように変化してきたかわかっている。この変化と太陽活動の活発さに関する観測結果とを比べてみると、図24に示すような結果がえられる。この図から一九七〇年頃から以後、太陽活動の活発さは停滞の傾向を示していることが明らかである。

また、太陽活動の活発さも、地球の磁場の変動性もともに、一九〇〇年前後から一九三〇年にかけて弱くなっていることがわかる。二〇〇〇年頃から以後については、後に述べるように、太陽活動は停滞しており、図23a)の一七世紀半ばから以後の約七〇年にみられる状態とよく似たものとなっている。この約七〇年にわたった時代は、現在〝マウンダー極小期〟(Maunder Minimum）と呼ばれており、地球環境が激しく寒冷化した時代であったことが、今では明らかにされている。

実は、一二五〇年頃から多少の変動はあるものの、地球環境の寒冷化が進み一八五〇年頃まで続いた。このような事実に基づいて、この期間は〝小氷河期〟(Little Ice Age）と呼ばれている。その中で、最も寒冷化の厳しかった時代が、マウンダー極小期なので

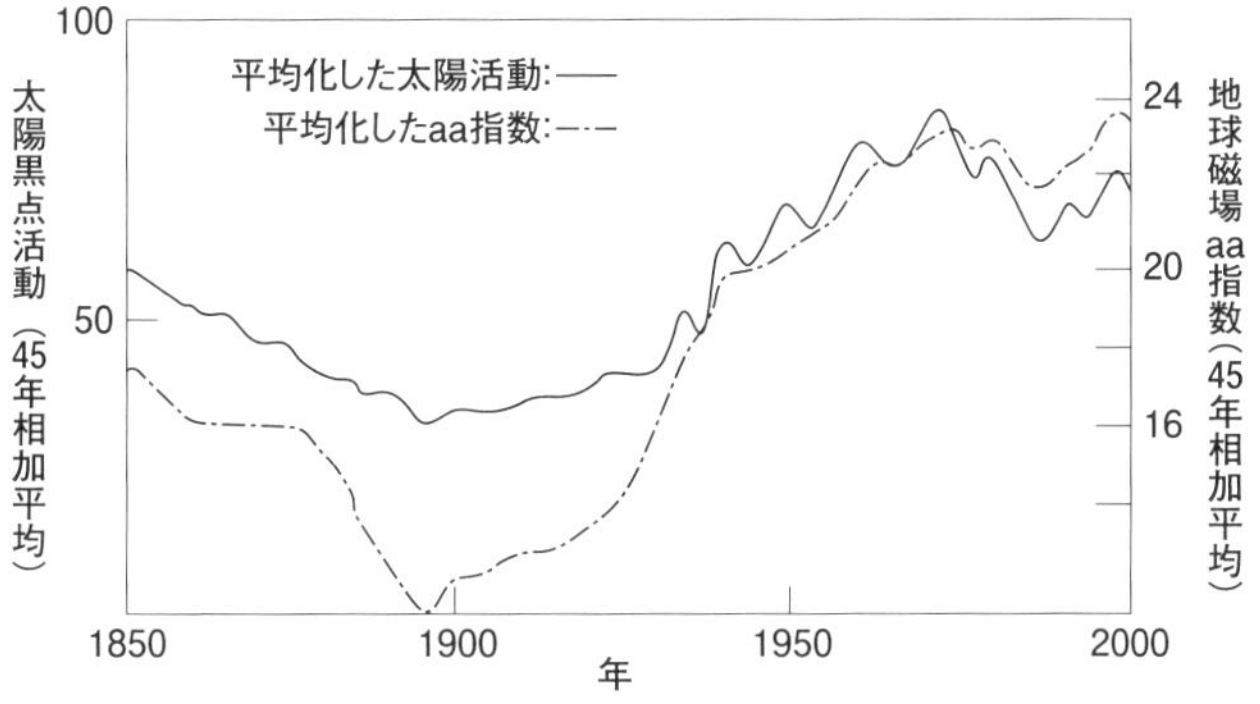

図 24　太陽活動と地球磁場の乱れ（aa 指数で示す）の両長期変動の比較（K. Sakurai（2003）による）.

あった。

このマウンダー極小期には、大気中に侵入してきた宇宙線が、酸素か窒素と衝突して破壊し、その時にたたき出された中性子が、今度は窒素に吸収されるが、その際、陽子を放出して、炭素の放射性同位体（^{14}C）を生成する。この過程は、図25にモデルを示したが、この炭素の放射性同位体が、酸素と結合して、炭酸ガスとなり光合成により木々や草にとりこまれる。木々にとりこまれたこの放射性同位

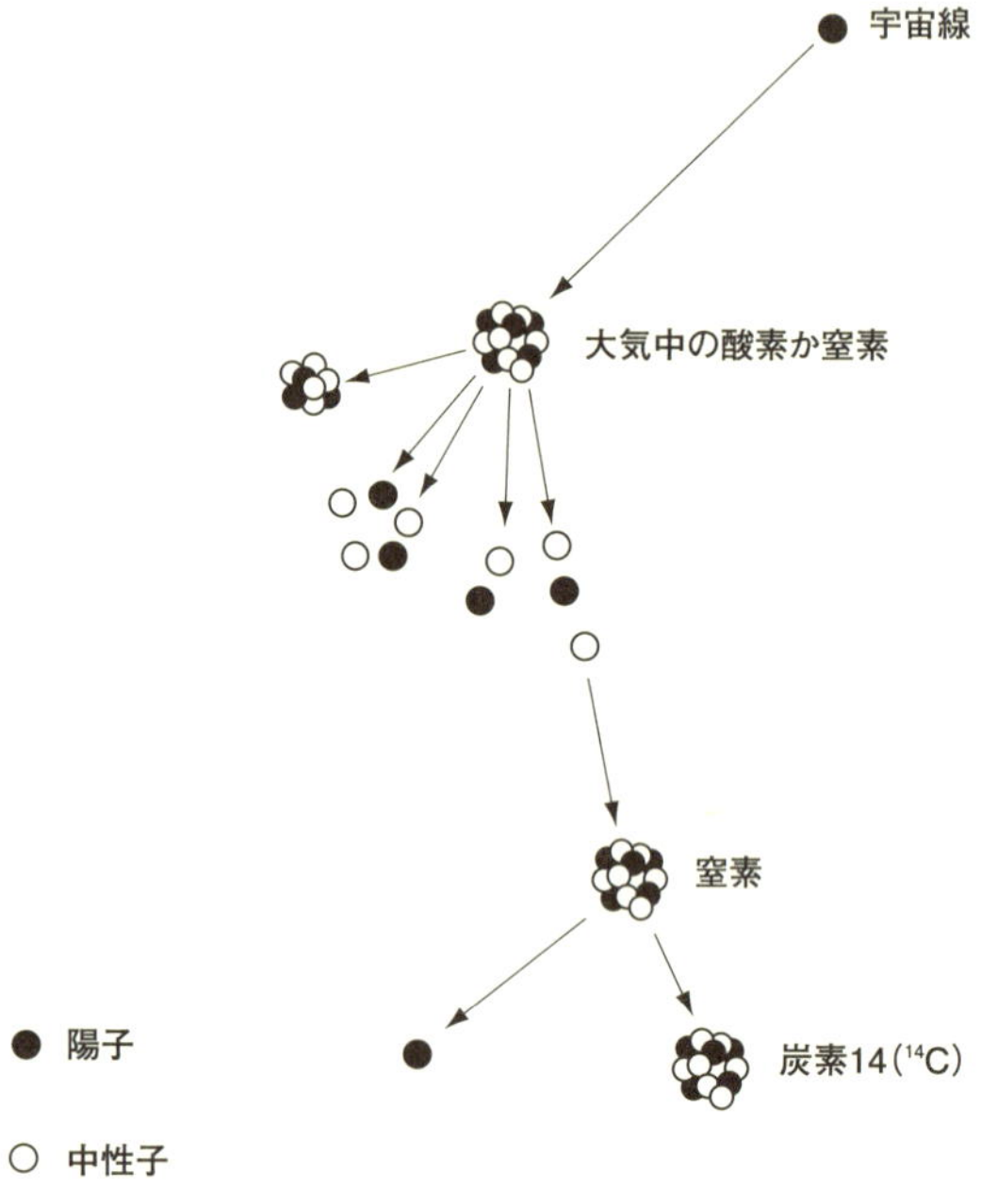

図25　宇宙線が酸素か窒素の分子と衝突して破壊し大気中で放射性炭素（^{14}C）を生成する機構のモデル.

体（^{14}C）は五七三〇年の半減期で元の窒素（^{14}N）に戻るのだが、生育年代のわかった木の年輪中に蓄えられたこの放射性同位体の存在量を、原子質量分析法という技術を使って、求めることにより、当時の宇宙線の大気中へ到来する毎秒当たりの数（フラックス）がいくらであったか、量的にかなり正確に推定できることになる。

　このような方法で、マウンダー極小期における宇宙線が地球へ到来する毎秒当たりの数（フラックス）を、放射性炭素（^{14}C）の木の年輪中での存在量についての分析結果から明らかにできる。この分析結果はこの極小期に宇宙線のこの到来数が、現在の値に比べて、かなり大きかったことを示していた。このことは、太陽圏内に、太陽から広がった磁場の強さが弱く、宇宙線が、相対的に数多く侵入してきており、当然のことながら、地球周辺にも多く到来していたことを示している。宇宙線が地球環境に侵入してくる割合は、このように太陽活動の活発さ、あるいは、高さによって、大きく変化するのである。

　後に、詳しくふれる予定だが、地球環境へ侵入してくる宇宙線の毎秒当たりの数にみられる永年変化が、この環境の寒冷化や温暖化に関わった変動と因果的に連なっているのである。気候変動に及ぼす宇宙線の地球への毎秒当たりの到来数の永年変化については、あらためて第五章で検討することにしよう。

第4章　地球環境の形成

—二つの太陽放射：電磁波とプラズマ—

すでに第三章までで考察した内容から明らかなように、大気、海洋、大地から成る地表付近の地球環境は、太陽から地球とその周辺に、瞬時も休むことなく送り届けられてくる二つの放射によって、ほぼ一定の状態に維持されている。これら二つの放射についてはすでに述べたことだが、繰り返すと、一つは地球環境を暖める電磁放射（光）であり、もう一つは、地表近くに届くわけではないが、地球周囲に形成される磁気圏を生みだすのに、本質的な役割を果たすイオン化したガス、つまり、プラズマの流れで、こちらは太陽風と呼ばれている。今、プラズマ（plasma）という表現を用いたが、ガスがイオン化しているけれども、電気的に正負の電荷量が等しく、中性に維持されている状態が、プラズマと呼ばれる状態なのである。

地球の周囲に広がって形成される磁気圏は、前に図17に示したように昼側では、地球半径の一〇倍ほど離れた領域にまで広がっているが、夜側では太陽風によって地球から伸びる磁力線が、吹き流しのような形状をとって、月の公転軌道を超えて遠くにまで伸びていっている。地球の周囲に広がる磁力線によって地表とその近くの空間の状態は、太陽風からの影響をほとんど受けることなくほぼ一定に維持されており、地表付近は生命にとっての生存圏となっているのである。

地球表面の面積の中、その約三分の二は海洋で掩われており、その存在が、地球の気候を穏和なものとするのに大いに役立っている。水の一グラム（g）の温度を一気圧のもとで、一℃上げるのに要する熱エネルギーの量を比熱（specific heat）と呼ぶが、これが大きく、水の温度を上げるのに、多くの熱エネルギーを必要とする。このことは、水は一旦温められたら、冷えるのに時間が比較的長くかかることを意味する。鉄のような金属が、熱し易く冷め易いのとは大きな違いである。地球環境が比較的穏和に維持されているのは、海洋の存在とともに、大気中に蒸発して存在する水蒸気による保温効果（温室効果ともいう）があるからである（このことについては、第一章で述べた通りである）。

太陽電磁放射の放射特性と地球環境からの応答

太陽が周囲の空間に向けて、電磁放射エネルギーの大部分を送りだしている場は、私たちの目に光り輝く球となって見える光球（photosphere）である。肉眼で眺めたら目を痛め、失明の怖れがあるから、絶対にこのようなことをしてはならないが、今では観察用の専用メガネがあるので、それを通して見た太陽は丸く見える。この円盤状にみえるのが光球で、その温度はほぼ五七八〇Kに相当する。

この光球から放射される電磁波のエネルギーが、波長に対してどのような分布をしているかについては、図5に示したが、このエネルギーが最も大きい波長域が、私たちの目に見える光、つまり、可視光で、波長帯は約四〇〇～八〇〇ナノメートル（nm）にわたっている。波長の長い側が赤、短い側が紫で、最も放射が強い波長域が、黄色なのである。

光球から放射される電磁波エネルギーの大きさは、図5に示したように、波長の長い側（赤外域）は光球温度を五七八〇Kで近似した曲線に、割合よく合っているが、紫外線の波長域の放射の強さは、この近似した曲線に比べて、かなり小さくなっている。このようになるのは、紫外線は、大気の上層部、二〇〜五〇キロメートル（km）で、その大部分がオゾン生成のために吸収されてしまうからである。赤外線領域でも、観測結果がギザギザになっているのは、この波長領域は、大気中に存在する炭酸ガス（CO_2）や水蒸気（H_2O）などによって強く吸収されることに原因がある（図9をみよ）。

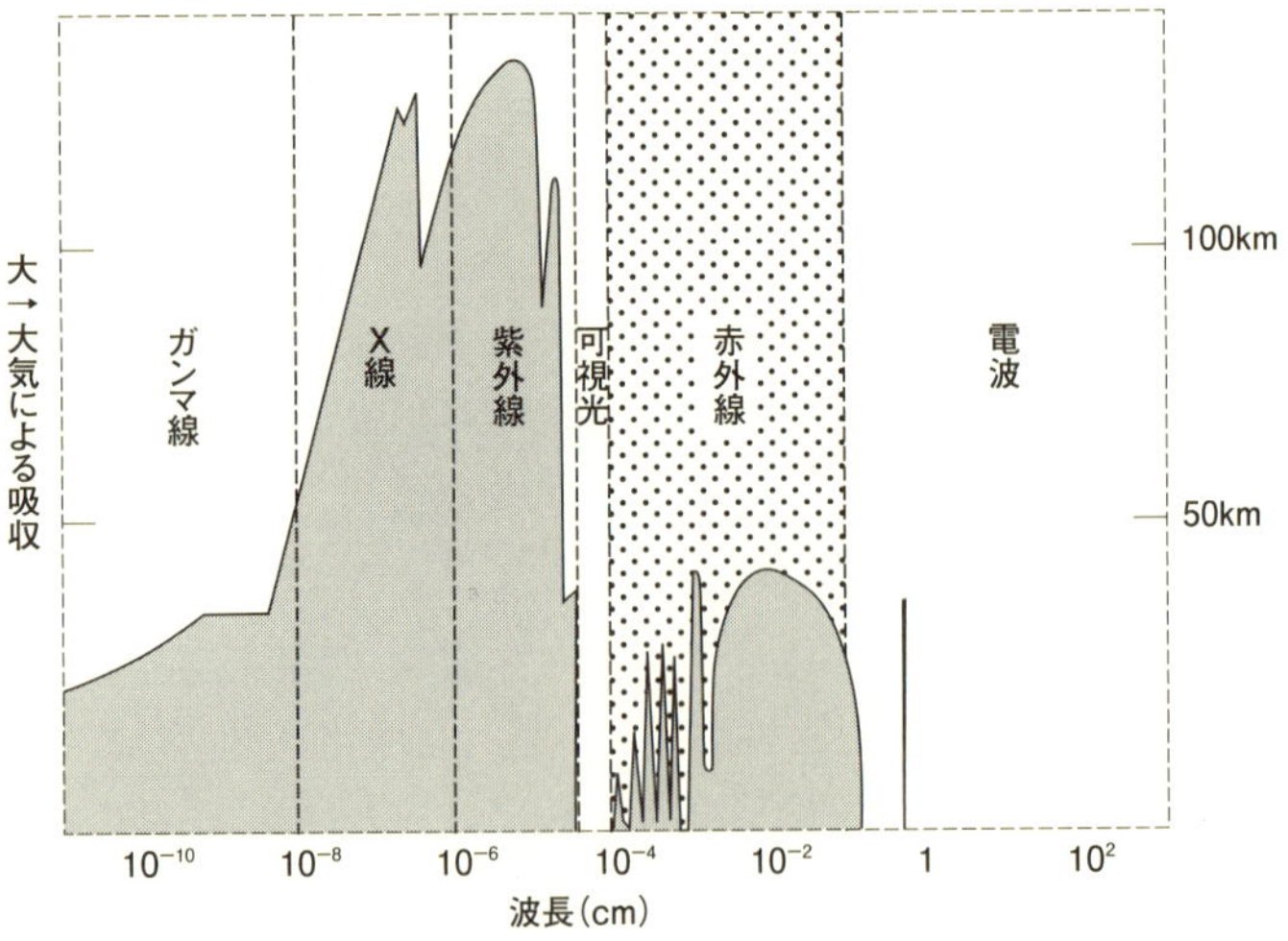

図26　宇宙空間から地球大気中へと侵入する電磁放射の地球大気による吸収の高度による変動のパターン．灰色部は吸収を示し，赤外線領域は，水(H_2O)や炭酸ガス（CO_2）による吸収，再放射で変動する．

地球の大気は、図26に示すように、可視光と、波長が一センチメートル（cm）くらいからそれ以上の電波とをほとんど吸収することなく透過させる。この図で、灰色で示した部分が大気による吸収を受ける領域で、この吸収がどの高度から始まるかがわかるように描かれている。赤外線領域では、下層大気中での吸収が起こっているが、これは先に上げた炭酸ガス（CO_2）や水蒸気（H_2O）によるものである。付録二でふれているように、これらの分子が地表付近の保温効果を作りだしているのである。これらの分子が、どれほど多く、大気中で太陽からの電磁放射エネルギーを吸収するかについての、やや詳しい結果については、図9に示してある。

太陽から放射される紫外線からX線、更にガンマ線と、可視光より波長の短い電磁波は、太陽活動周期を通じて大きく放射エネルギー量が変化する。その変化量については、図27に示すように、温度五七八〇Kの光球から放射されるとした場合に比べて一〇倍から時には、一〇〇倍に達するほど多くなる場合がある。このように変動の幅が大きいのは、可視光に比べて、波長の短いこれらの電磁波の放射の機構が、強い磁場をもつ大きな黒点群と因果的に関わっているからである。これらの黒点群の上層部には、超高温のガス領域が形成されており、それらからX線やガンマ線が放射されるのである。電子も強い磁場に捕えられていて、それからは、強力なマイクロ波帯の電波が放射されることも知られている。

紫外線の大部分は、先に記したように、地球の成層圏より上層の二〇〜五〇キロメートル（km）の領域で、大気中の酸素分子を解離させて生成した酸素原子が酸素分子と結合してオゾン層（O_3から成る）を形成する。この過程により、七〇パーセント（%）ほどの紫外線がオゾン生成のために吸収されてしまうのである。

X線は、地上一〇〇キ

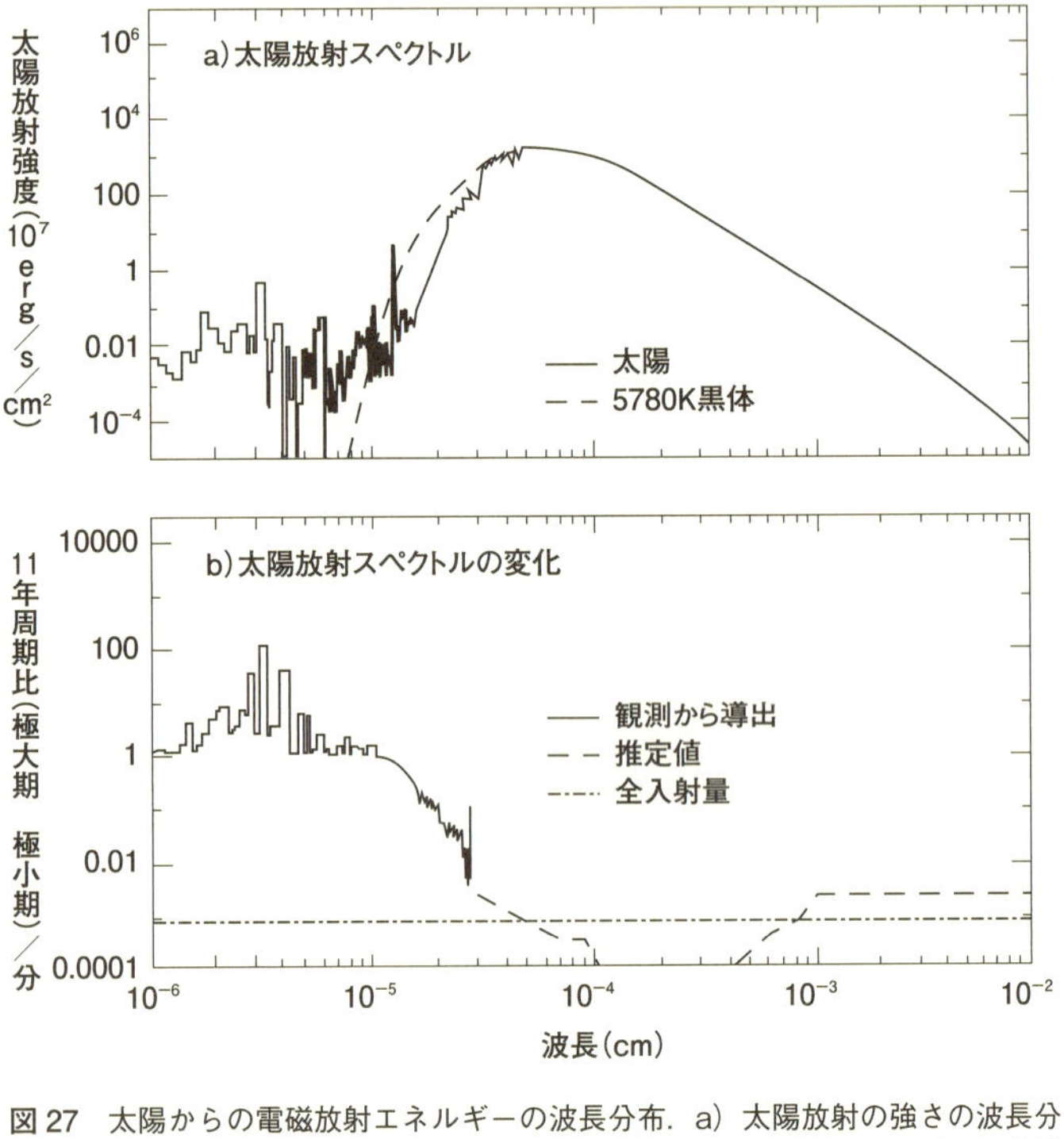

図 27　太陽からの電磁放射エネルギーの波長分布．a）太陽放射の強さの波長分布．b）は紫外線から X 線，ガンマ線と短波長側の放射エネルギーの変動の大きさ（太陽活動周期についての平均パターン）（Lean（1997）による）．

ロメートル（km）付近から、それより上空に存在する窒素や酸素の原子をイオン化（電離）し、イオン化したこれらの原子と電子とから成る電離層と呼ばれる大気層を形成する。太陽から到来するX線は、この大気層でほとんど完全に吸収されてしまうので、図26に示したように、地表付近には全然届くことがない。

太陽が静かな状態にある時には、ガンマ線の放射はほとんど発生しないが、大黒点群のもつ磁場の急激な変動に伴って、時に発生するフレアと呼ばれる爆発現象により放射されることがある。たとえ、放射が起こったとしても、ガンマ線が地上付近にまで届くことはないので、下層大気への影響は、まずないとしてよいであろう。

太陽風と地球磁場との相互作用 ― 地球磁気圏の形成 ―

太陽の光球の外部にあって、厚さが一〇万～三〇万キロメートル（km）で、その温度が一万Kほどの薄い大気層が広がっている。この大気層が彩層（chromosphere）と呼ばれる領域で、その外側に広がるコロナ（corona）と呼ばれる温度が一〇〇万Kにも達する大気層を支えている。このコロナは太陽半径の数倍にも達する厚い大気層だが、その外延部は、太陽の重力場の働きを振り切って、超音速のスピードで、外部の空間へと溢れ出していく。このイオン化したガス、つまり、プラズマの流れが、太陽風と呼ばれている。この太陽風はすでに述べたように、太陽から遠い空間中まで吹き抜けていて、太陽圏を形成している。その大きさは、太陽と地球との間の距離（一・五億キロメートル、これを一天文単位（A.U.）という）の一〇〇倍程度と、太陽が向かう方向ではなっている（図20）。太陽が向かう方向の逆の側では、地球の磁気圏と似た構造で、吹き流しのようになっている。

太陽風の速さは、毎秒当たり、三五〇〜六五〇キロメートル（㎞）と大きく変化するが、太陽活動が低い時期には速さが大きくなる傾向がある。太陽活動が極小となる時期には、太陽のコロナ中に、一〇〇万Kに比べて、五〇万Kとやや温度の低いコロナ・ホールと呼ばれる領域が形成され、そこから六五〇キロメートル毎秒（km/s）の高速太陽風が吹き出していく。コロナ・ホールは、太陽を人工衛星からX線で観測できるようになってから発見された。図28に示すように黒い色調で表される領域で温度は五〇万Kほどである。白っぽく輝いている領域は一〇〇万Kかそれ以上の高温域だが、太陽活動が弱まると、このコロナ・ホールがしばしば大きく発達する。〝マウンダー極小期〟に観察された皆既日食のスケッチをみると、コロナが弱々しくなっているのがわかる。これと似たコロナが実は、二〇〇九年七月二二日に日本の鹿児島県の南で見られた皆既日食時に観測された結果にもみられた。この事実は、一九九九年頃からすっかり低下してしまった太陽活動の弱々しさを反映しているのかも知れない。

太陽風は、地球の公転軌道を超えて、吹いていっているから、地球とその周囲に広がる磁場は、その風の影響を直接受けることになる。周囲の空間が真空ならば、地球内部起源の磁場は、この空間に広がっているはずである。だが、太陽風と呼ばれる超音速のプラズマの流れに曝されるので、この磁場の広がる領域は、この流れによって押さえこまれ、図17に示したように、地球の周囲に閉じこめられてしまう。

太陽風は超音速の速さで、地球の磁場と出会うので、この磁場が広がる領域を地球の周囲に押さえこむだけでなく、太陽に面した側では、衝撃波が形成される。夜側では、前面から曲げられて流れていく太陽風は、地球の

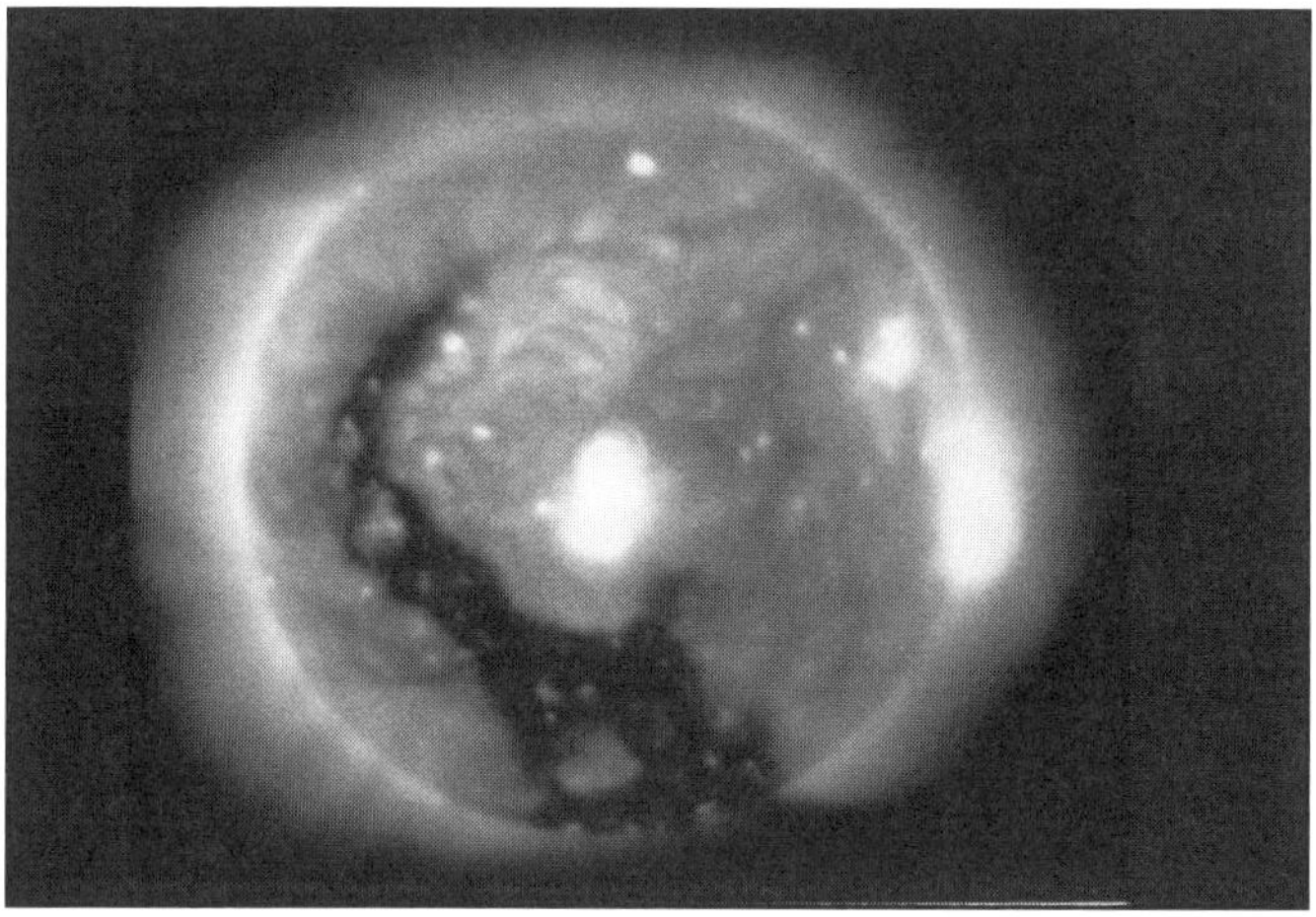

図28　X線で観測した太陽．コロナ・ホール（黒い部分）の存在がわかる．温度が相対的に低いので暗く見える．（NASA 提供）．

磁場を引き伸ばしながら、地球から遠去かっていく。図17から明らかなように、夜側の地球の赤道面から遠く離れた領域に、磁力線の向きが互いに反対になった空間が形成されている。反対向きの磁力線が出会うと、互いに消滅して、磁気的な中性面（プラズマシート）を形成し、周囲のプラズマを加熱するので、この空間には温度の高い領域が作りだされている。

地球の周囲に広がる磁気圏の大きさや微細な構造は、この磁気圏の形成に、太陽風の性質が決定的役割を果たしているから、この性質の変化に応じて磁気圏も変動する。この風の速さが大きくなると、磁気圏の大きさは少し小さくなり、夜側に形成されている中性面にあるプラズマシートのガスは更に加熱される。その一部は磁力線に沿って、地球の両極地方へと侵入してくる。これらのガスの一部が、地上一〇〇キロメートル（㎞）の上空に侵入してきた時、大気上層部にある窒素や酸素の原子と出会い、これらの原子の周囲を運動している電子のエネルギーを上げ（励起という）、これらの電子が元の状態に戻る時、発光現象をひき起こす。この現象が、オーロラ（aurora）として、極地方で観測されるのである。このように、地球環境は常に、太陽から大きな影響を受け続けているのである。

太陽圏に侵入してきた宇宙線の一部は、その内部深くまで入ってきて、地球の周囲に到達し、そのごく一部分が、磁気圏の障壁を超えて、地球の大気中に飛びこんでくる。そして、大気中の窒素や酸素の分子と出会い、衝突の結果、炭素の放射性同位体（^{14}C）やベリリウム同位体（^{10}Be）ほかのような粒子を生成したり、窒素や酸素の分子をバラバラに破壊した結果、生成された陽子や中性子がシャワーのように、地上にまで降ってくる。また、同時に生成されたパイオンやガンマ線も、こわれながら降ってくる。

パイオンの中で、電荷を帯びた成分は、一億分の一秒という短い寿命で、ミューオンに崩壊。それらの一部は、地上から更に地下深くにまで侵入してくる。これらミューオンの高エネルギーの成分は、地球の下層大気中の分子をイオン化して、大気を煙霧状にし、それに水蒸気が凝結し、水滴を生成する。これにより、下層大気中に雲が作られることになる。中性のパイオンは生成されると直ちに電子、陽電子の対に崩壊、これらの中、エネルギーの高い成分は周囲の大気分子と衝突、これらを破壊したり、再びガンマ線を放射したりと繰り返しながら、電子・陽電子のシャワーが、地上付近にまで到来する。先に陽子や中性子から成るシャワーにふれたが、これらのシャワーが、積乱雲と出会った時に強烈な雷放電をひき起こすのではないかと推測されている。

太陽風は、コロナの外延部のガスが溢れ出して作るプラズマの流れであるから、地球はこの流れの中に浸された状態にある。だが、幸いなことに、地球は内部に磁場を生みだす機構を備えている。これにより、地表付近の大気は、太陽風に直接曝されることなく、太陽から送り届けられる電磁放射エネルギーを利用しながら生命が存在できる環境を維持しているのである。

太陽風が、コロナ中に広がる磁場を、太陽圏内へと引き伸ばす働きをもち、実際にそのようなことが起こっている証拠を、前に示したことがある。この磁場（ＩＭＦ）と、地球の磁場の地表付近における乱れとの間に、よい相関関係があることについては、図21にすでに示してある通りである。この太陽から太陽圏へと伸び広がっていく磁場は、前にふれたように、太陽圏内における宇宙線の挙動にも、大きな影響を及ぼし、図23に示したように、最近の過去一五〇年ほどの間では、宇宙線の地球公転軌道付近に侵入してくる毎秒当たりの数（フラックス）は、ずっと減少し続けてきた。二つの放射を通じて、太陽は地球環境の維持に大きな役割を果たしているのである。

太陽が地球環境を制御する――〝地球嵐〟とは――

すでに述べたことから明らかなように、太陽からの電磁放射エネルギーは、地球の大気、海洋、大地を加熱し、現在、私たちが日々経験しているような環境を作りだしてくれている。この放射エネルギーの総量は、太陽活動周期を通じて、精々〇・二パーセント（％）しか増減しないし、過去一二〇年余りの期間を通じてやっと、〇・二パーセントほど、全体として、このエネルギー総量が増加したにすぎない。このことは、地球表面近くの環境条件に、ほとんど変化がなかったことを意味する。

太陽からの電磁放射については、今みたように、過去一二〇年余りを通じてほとんど変化がなかったが、もう一つの放射である太陽風と呼ばれるプラズマの流れは、太陽の光球面に観測される磁場の強さほかの性質により、かなり大きく変化することがわかっている。最近の過去一二〇年余りの期間を通じて、太陽から太陽圏内部に伸び広がる磁場の強さは、図21に示したように、ずっと増加し続けてきた。一九九九年頃、この増加の傾向にかげりがみえ始め、現在では、この傾向はなくなってしまっている。このようになったのは、この磁場の成因と因果的な関わりをもつ黒点や黒点群の発生がほとんど見られなくなってしまっているからなのである。

今ふれた黒点や黒点群が、光球面に頻繁に観測される時期には、黒点や黒点群からコロナへと広がる磁場の変動に関わったいろいろな乱れが、コロナの下部に広がる彩層で発生する頻度が高くなる。それらの中で最も荒々しい現象はフレアと呼ばれる一種の爆発現象である。このフレアに伴って黒点がもつ磁場の急激な変化が生じ、磁場に捕えられていたイオン化したガス、つまり、プラズマの一部が、急激に加速され、宇宙線と同程度の高いエネルギーにまで達する。これらの粒子は、外部空間へと放出され、それらの一部はしばしば地球にも到来する。

フレアに伴って、コロナ中のガスがしばしば外部空間へと放出され、巨大な塊となって、地球へと向かってきて、地球の磁気圏と遭遇する場合がある。この時、地球の磁気圏の大きさは、例えば、半分ほどにまで圧縮される。また、太陽から見て夜側に形成されている磁場の中性面に捕えられていたプラズマシート内の陽子や電子の一部は、磁力線に沿って地球側へと強制的に押しこまれ、高緯度地方へと侵入してくる。その過程で、陽子や電子は加速されるが、地上一〇〇キロメートル（㎞）付近で電子は、窒素や酸素の原子と衝突、これら原子のもつ電子のエネルギーが高くなる励起と呼ばれる現象が起こる。やがて、このエネルギーを失なって、これらの原子は元の状態に戻る時に発光し、オーロラと呼ばれる光のカーテンが、大空を彩ることになる。

オーロラの出現は、このような次第で、地球の磁場の乱れに伴ってみられる現象であることがわかる。この磁場の乱れは、太陽コロナから飛びだしたコロナ・ガスの塊（磁気を帯びているので、磁気雲としばしば呼ばれる）が、地球の磁気圏と衝突し、これを押し潰すように最初に働くので、激しい地球の磁場の変動をひき起こし、そのあと、乱れが数日から一週間余り続くので、磁気嵐（magnetic storm）と呼ばれる。

この磁気嵐の開始とほとんど同期して、地球へと侵入してくる宇宙線の数が急激に減少する。他方で、地球大気の上層部は膨張し、Ｆ２層と呼ばれる電離層の電子密度が下がる。磁気嵐の発生が引き金となって、地球周辺の物理状態が激しく変動し、宇宙線の挙動や電離層に大きな変化をひき起こす。オーロラの発生まで含めて、こうした一連の乱れを、〝地球嵐〟（earth storm）と呼んでいる。

磁気嵐の発達に呼応するように、宇宙線の地球へと到来する毎秒当たりの数（フラックス）は、例えば、図29に示すように、最初急激に減少し、数日かかって元の状態に戻る。この例は、一九八九年三月一一日に発生した磁気嵐だが、その原因となった太陽面上のフレアは、その前日、一〇日の世界時で一八時半過ぎに、東縁付近で発生した。このフレアにより、コロナ・ガスの一部が、太陽から放出され、一一日の昼頃、地球の磁気圏と衝突し、磁気嵐をひき起こしたのであった。

この時の磁気嵐は、地球の中高緯度帯に、磁場の変化による強力な誘導電流を発生、一三日(日曜日)の夜中過ぎに、カナダのケベック州の

図29 太陽フレアと呼ばれる爆発現象が起こると，数日して地球に到来する宇宙線の強度（毎秒当たりの入射数）が急に減少することがある．発見者の名前を用いて，フォービッシュ（Forbush）減少と呼ばれる．

大部分に停電をひき起こした。翌一四日は、こんな次第で、〝ブラック・マンデー〟(Black Monday)と呼ばれている。

この日、ケベック水力電力会社(Hydro-Quebec Power Company)が所有するジェームズ発電所からの送電線に、先に述べた誘導電流が加わり、強力な過剰電流となり、配電施設の安全装置が作動し、発送電力の約半分が途絶した。この過剰電流はその後にも発生し、配電施設の運転は、ほぼ完全に止まってしまったのだった。その結果、ケベック地方一帯とモントリオールへの送電は止まり、停電した。安定確保のため、ほかの発電所からの送電も止まり、約六〇〇万人もの人々が、停電による被害を受けたのだった。

停電による被害は、カナダだけにとどまらず、アメリカのいくつかの州にまで及んだが、これらの州も、カナダから電力を供給されていたからであった。この磁気嵐の影響はカナダとアメリカだけにとどまらず、スウェーデンほかのスカンディナビア諸国も同様であった。アメリカでは磁気嵐のために、シリコン・ヴァレーでは、マイクロチップの生産工場のラインがストップしてしまった。また、アメリカから世界各地へ向けて張られている短波の通信回線は、その機能を失った。海底ケーブルも同様であった。

地球嵐の発生は、時にこのようにして人類が築いてきた技術の文明を、機能不全の状態にまで落としてしまう。今述べたような地球嵐が起こす被害は、わが国のように低緯度帯に位置している国々には稀にしかみられないが、北欧のスカンディナビア諸国やアメリカ、カナダ、グリーンランドなどでは太陽活動の極大期には、しばしば起こるのである。このような事例をみると、太陽のもつ巨大な力というか、地球環境への大きな影響力について、考えさせられてしまうのである。

太陽活動の活発さが、太陽の光球面上に生成される黒点、黒点群の発生頻度やこれらが占める太陽面上の面積で表されるのは、これらの大きさと先に述べたフレアと呼ばれる爆発現象の発生率やその規模との間には密接な関係があり、地球への影響も、この活発さで、ある程度予測できたりすることにある。現在では、黒点や黒点群の発生頻度を数値化する工夫がなされており、相対黒点数（relative sunspot number）と呼ばれている。こうした工夫を最初に考えたウォルフ（R.Wolf）の名前を用いて、相対黒点数を、ウォルフ数と呼ぶこともある。

先に一九八九年三月一三日にカナダのケベック州を襲った大停電についてふれたが、太陽活動の監視を続けることの重要性に、この方面の研究者の多くが注意を向け、太陽観測のためのネットワークができあがっており、現在では、世界各地との連絡が即時にとれるようになっているのである。

第5章

太陽放射の長期変動から見た地球環境

太陽の光球面に観測される黒点や黒点群数の数え方について、ウォルフ（R. Wolf）は、個々の黒点数に、黒点群の数を一〇倍して、加え合わせることにより相対黒点数（Relative Sunspot Number）という表現をし、太陽活動の活発さを表す指数として用いることを、一九世紀半ばに提案した。この相対黒点数は、現在でも、太陽活動の活発さ、あるいは、高さを表すのに用いられており、国際的に統一して、いろいろな研究に利用されている。

北半球に住む人々、特に、私たち日本人からみて、天空上で太陽が最も北の位置にくるのは、夏至の日（六月八日前後）である。ほとんど頭の真上近くまでこの日の太陽は正午にくるが、頭を越して北側にまでいくことはない。南向きに立って、この太陽を見上げた時、右手の側が、太陽にとっては西と決められている。したがって、左手の側が東ということになる。地球からみて、太陽中心を太陽の経緯度を測る基準と、私たちはしているのである。

右手側に中心の西緯〇度から西縁を西経九〇度ととり、中心から左手側を東経〇度から東縁を東経九〇度ととる。太陽の中心を通る赤道から、私たちからみて東西に引いた直径の北側を北緯、南側を南緯ととる。太陽面を観測する際の座標系は、今述べたように取り決められているから、地球の西が太陽の西に対応する（東の場合も同様）ことは、おのずから明らかであろう。

太陽面上に現れる黒点や黒点群は発生後、同じ場所（決まった経緯度）にとどまってはいないで、東から西へとほぼ同じ緯度を保ちながら移動していく。この事実を発見したのはガリレオで、一六一二年のことであった。太陽は東から西へ向かって自転しているのだが、自転軸は、地球の自転軸とは向きが異なる。このことも、ガリレオが明らかにした。この自転の速度を、いろいろな緯度に発生した黒点や黒点群について調べてみると、この速度は赤道で一番大きく、南北に緯度が上がるにつれて、遅くなっていく。この自転速度の緯度による変化を、差動回転（differential rotation）と呼んでいるのである。この差動回転の速度の変動が、黒点や黒点群の発生率、言い換えれば、相対黒点数の変動と因果的に関わっており、後に、図32と図33に示すように、相対黒点数の大きさと差動回転との間には、密接な関係があるのである。

黒点や黒点群には、その上で、強い磁場が伴っており、この磁場が、実は黒点や黒点群の発生とその後の変化に、重要な役割を果たしていることが、一九三〇年代の終わり頃に、アメリカの天文学者、ジョージ・ヘール（G. E. Hale）により発見された。この磁場がどのような機構を通じて発生・成長し、相対黒点数を用いて測られる太陽活動周期（サイクル）を作りだすのかについては、いろいろなアイデアや機構が提案されているものの、現在でもまだ解決されておらず、謎のままに残されている。

地球も周囲に磁場を張りめぐらし、磁気圏を形成しているが、太陽の場合と同様、この磁場の成因はまだ解かれていない。太陽を含めて、多くの星々や、地球、木星、土星、天王星、海王星と太陽系の惑星たちにも磁場が存在するが、多くの研究者による努力にもかかわらず、これらの天体がもつ磁場が、どのような機構を通じて作りだされるのかについては、まだ解き明かされていないのである。この問題は、天体物理学上の大きな難問とされており、多くの研究者が挑戦しているのに、相変わらず謎のままなのである。私自身もいろいろとモデルや理論について考えをめぐらせているものの、実状は手も足をでないといったところである。

現在、明らかにされていることは、この太陽表面に観測される自転速度が太陽赤道から南北方向に移行するにつれて、遅くなっていくという差動回転のパターンは、太陽活動周期を通じて一定しているわけではなく、太陽活動が活発な時期には全体として減速化傾向が現れる。逆に、太陽活動が、太陽活動周期の中で極小になっている時には、全体として加速されて速く自転する傾向を示す。その上で、太陽表面をみると、全体として緯度による変化が小さくなるように自転し、今みたように加速されて速くなる。要するに、太陽表面に観測される太陽の自転のパターンは、太陽活動の活発さに応じて変わっていくのである。

太陽活動が極端に弱く、黒点が太陽面上にほとんど観測されなかった時代が、実は、マウンダー極小期であった。この極小期についてはすでに何回か言及したが、一六四五年頃から一八世紀初めの一七一五年頃までのほぼ七〇年間にわたり、太陽面に黒点の発生がほとんど観測されなかった。この時代を、人によっては〝無黒点期〟と呼ぶよう提案している。

このマウンダー極小期、または、無黒点期と呼ばれるこの時代にも、時には珍しく黒点の発生が観測されたという報告があり、こうした観測例を用いて、アメリカのエディ（J. A. Eddy）たちが解析した結果がある。それによると、太陽の自転速度が大きくなっていた。このことは、太陽の自転のパターンと太陽活動との間に、何らかの因果関係が存在することを示唆していた。

本章では、太陽の自転のパターンと太陽活動の活発さとの間に、どんな関係があるかについて詳しく調べることを手始めに、太陽活動と太陽圏内に広がる磁場の特性、更に、太陽活動と太陽からの電磁放射エネルギーの両変動の間にみられる因果的な関わりなどについて、種々の観測結果を利用して明らかにすることを試みる。それらに基づいて、太陽活動の長期変動の様相に対し、気候変動に因果的に関わる手掛かりがみつかるかどうかについて検討することにする。

太陽活動と太陽放射との関わり

太陽活動の活発さを表す指数として、相対黒点数、または、ウォルフ数が考案され、現在用いられている。この数について各年ごとの平均値（年平均値）を、一九六〇年から以後について計算し、この数がどのように、時間の経過とともに変わってきたかを表すと、図30がえられる。この図から二〇〇〇年以後、相対黒点数の年平均値がずっと減少していっているのがわかる、また、相対黒点数の、各周期における極大値には、かなり大きな違いがあり、一九五四～一九六四年にわたる周期（サイクル）19では この値が、二〇〇に達しそうであった。図31で、相対黒点数（年平均）が最も大きい周期（サイクル）が19である。

太陽黒点が発見されたのは、一六一〇年前後のことで、それ以後、黒点について当初は断続的な観測がなされたに過ぎなかったが、一七一〇年頃から後は、系統的に連続して観測が続けられるようになった。一七世紀の初め頃からの観測記録に基づいて、相対黒点数の年平均値について、年とともに、この値が

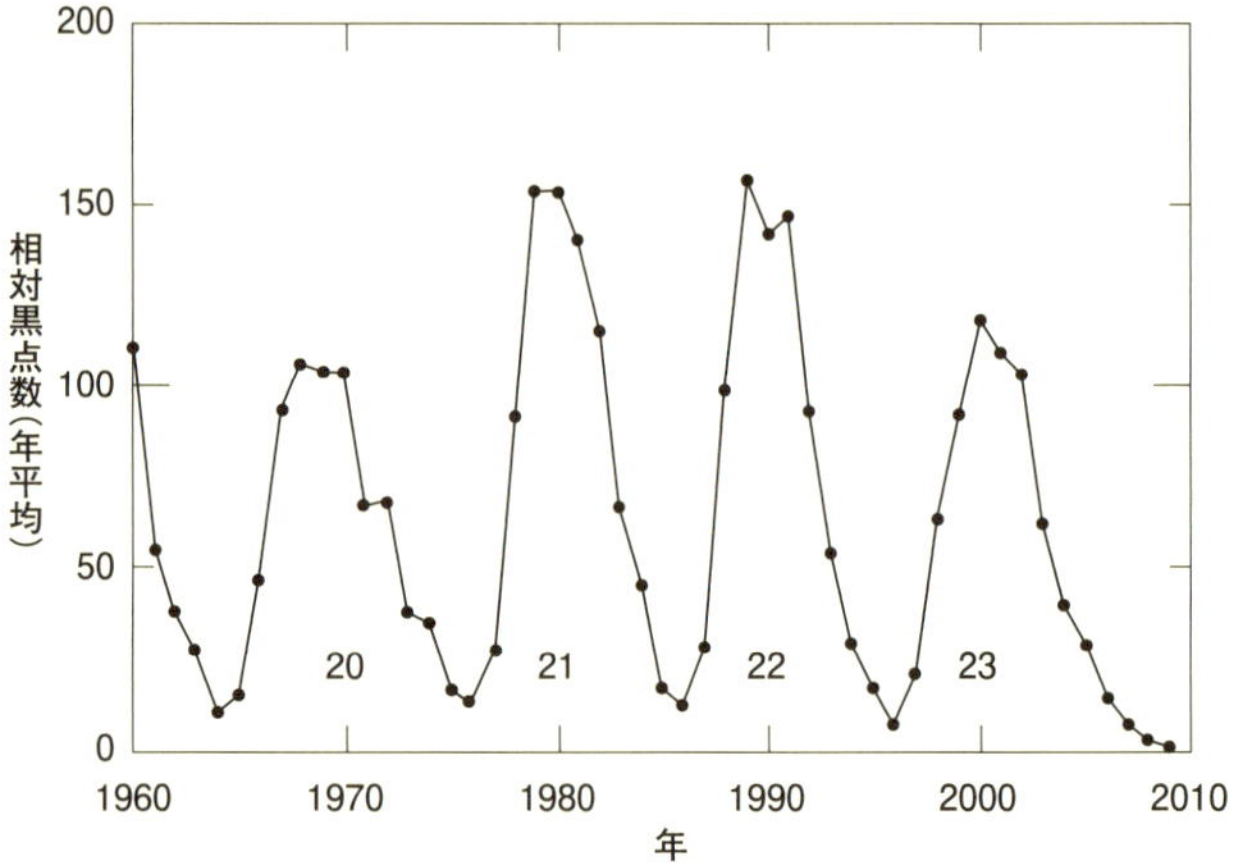

図30　1960年以後の相対黒点数（年平均値）の経年変化（2009年まで，観測結果が公表されている）．数字は太陽活動周期（サイクル）数を示す．

どのように推移してきたかについては、図31に示すような結果がえられている。一七世紀半ばから、一八世紀初めの一七一〇年頃まで、黒点がほとんど生成されない時代があり、この期間はすでにふれたように、無黒点期とか、あるいは、こうした期間の存在を、最初に指摘した研究者の名前を用いて、〝マウンダー極小期〟と呼んでいる。この無黒点期を通じて、太陽の自転速度は、太陽活動周期（サイクル）20を通じて観測された大きさよりも速くなっていた。太陽の赤道におけるこの自転速度を、太陽活動周期（サイクル）20に測定された年平均値と、マウンダー極小期に測定された二つの値（SとHで示す）とを比較すると、図32に示したように、これら二つの測

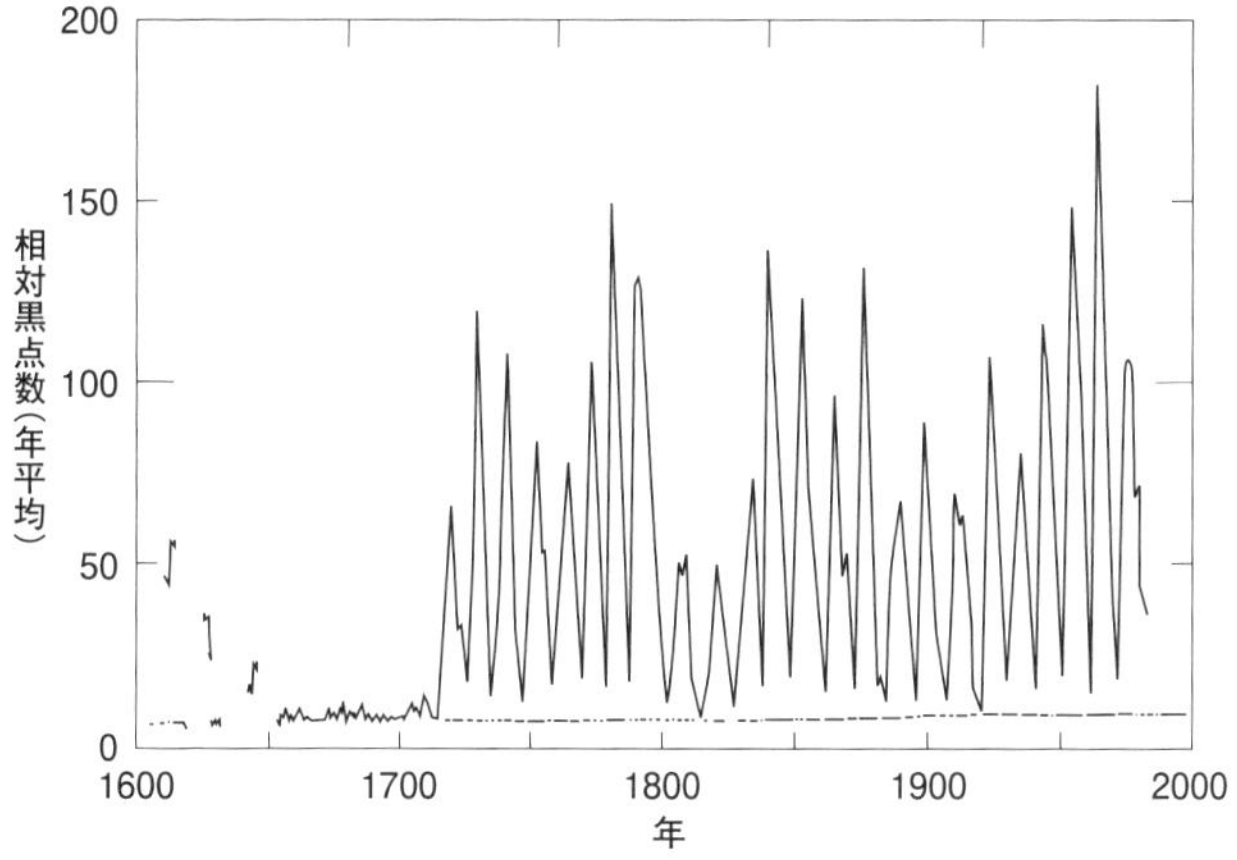

図31　1600年以後の相対黒点数（年平均値）にみられる変動性，17世紀半ばから1715年頃まで，黒点がほとんど観測されなかった（無黒点期の存在）．

定値の方が大きくなっていることがわかる。この図で、黒丸で示した数値が、一九六五〜一九七六年にわたる太陽活動周期（サイクル）20に対する値である。図中のS、H、それにGは、観測者の名前の略号で、SはシャイナーC. Scheiner)、Hはヘヴェリウス(J. Hevelius)、Gはガリレオ（G. Galilei）を表す。SとHは、マウンダー極小期における太陽赤道の自転速度を、ガリレオの場合は、この極小期に入る約三〇年前における自転速度を表している。太陽活

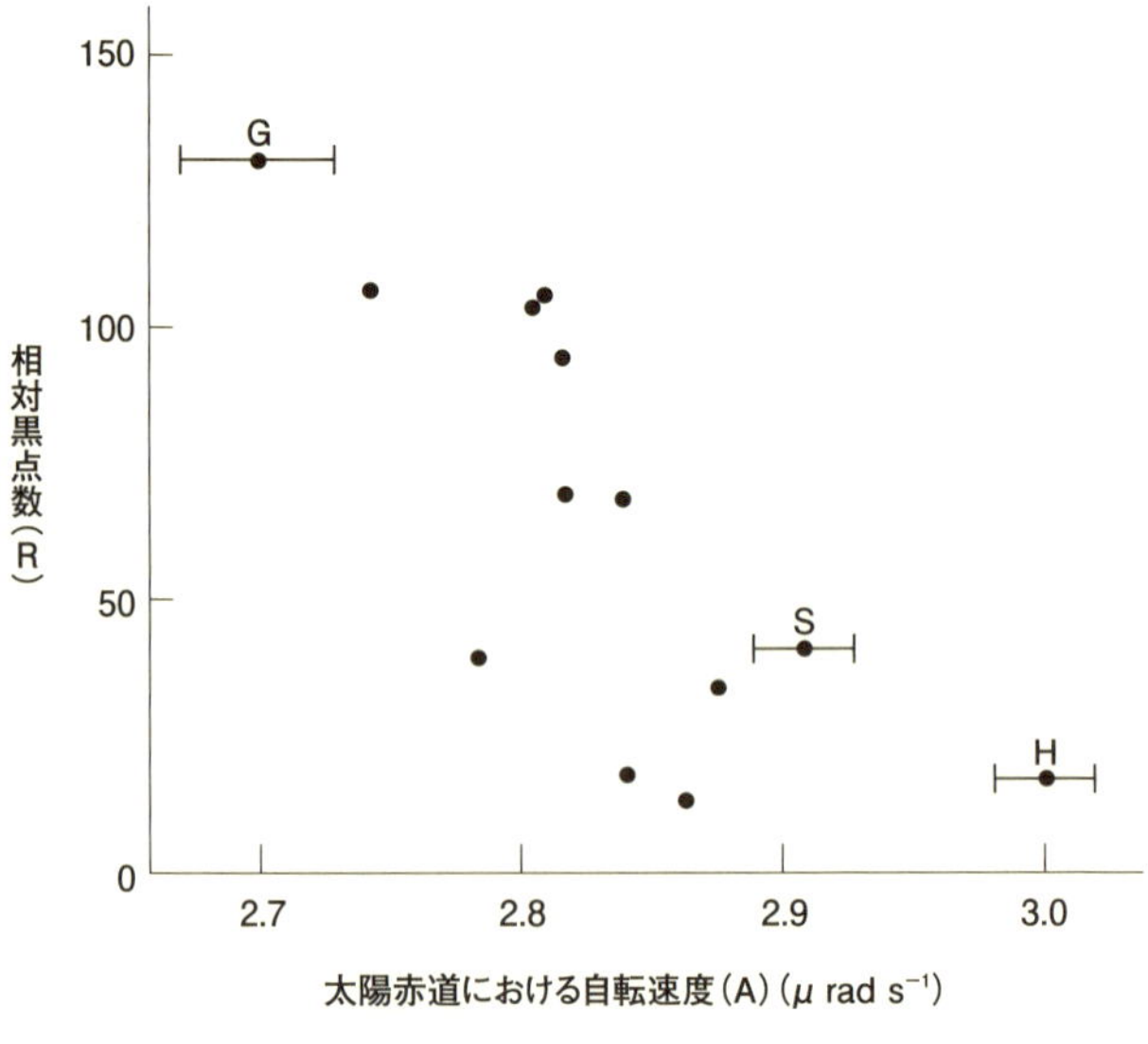

図32　太陽赤道における自転速度（A）と相対黒点数（太陽活動の活発さ）との関係．黒丸は，太陽活動周期（サイクル）20に観測された年平均相対黒点数，G，S，Hはそれぞれガリレオ，シャイナー，ヘヴェリウスの3人によるマウンダー極小期以前（G）からこの期間中の太陽自転速度（A）を示す（S，H）（K. Sakurai（1980）による）．

動周期（サイクル）20の観測値と、これら三つの値（S、H、G）を比較することを通じて、太陽活動の指数（相対黒点数）が小さい時の方が、この自転速度が大きいことが明らかである。

図32では、一つの太陽活動周期（サイクル）20における相対黒点数の年平均値（黒丸で示す）と赤道における自転速度との関係が取り上げられている。図31に示したように、一八世紀初めから相対黒点数に対する年平均値が求められているから、太陽の自転速度のパターンに対する観測結果が、もしあるならば、これら年平均値か各周期（サイクル）に対する全相対黒点数と、この自転のパターンとの間に、どのような関係があるか明らかにできるのではないかとの期待が生まれる。

幸いなことに、太陽の自転速度のパターンについては、一八八二年に始まる太陽活動周期（サイクル）12から以後に、測定結果がえられている。一八八二年以後、活動周期（サイクル）22まで（一九九六年まで）にそれぞれの周期（サイクル）における相対黒点数の極大値をとりあげ、赤道における自転速度との関係を調べると、図33に示すような結果がえられる。この結果は図32に示した結果とは矛盾せず、太陽活動が活発な時の方が、自転の速さは押さえられて、遅くなっていることがわかる。

太陽活動と太陽の自転速度（赤道における値で示す）との両者の関係が、年とともにどのように変わっていくかについて調べた結果、図34に示すようなグラフがえられた。この図では各太陽活動周期（サイクル）に対する相対黒点数の総和が、太陽活動については用いられている。この総和が大きい方が、当然のことだが、太陽活動はより活発なのである（図30を参照されたい）。一八八二年に始まる太陽活動周期（サイクル）12～22（一九九六年まで）に至る期間において、太陽からの電磁放射エネルギーの総量は、図2に示したように、一〇〇年余りの間に僅かに〇・二パーセントほどしか増加したにすぎない。

図34に示した結果は、一九世紀終わり頃から以後、太陽活動は、一九六五年頃（太陽活動周期19の終わりまで）まで、その活発さが増大の一途を辿ってきたことを示している。それ以後は、太陽活動が停滞の傾向を示しているが、他方で、太陽の自転速度（赤道における）は二〇〇〇年頃まで、

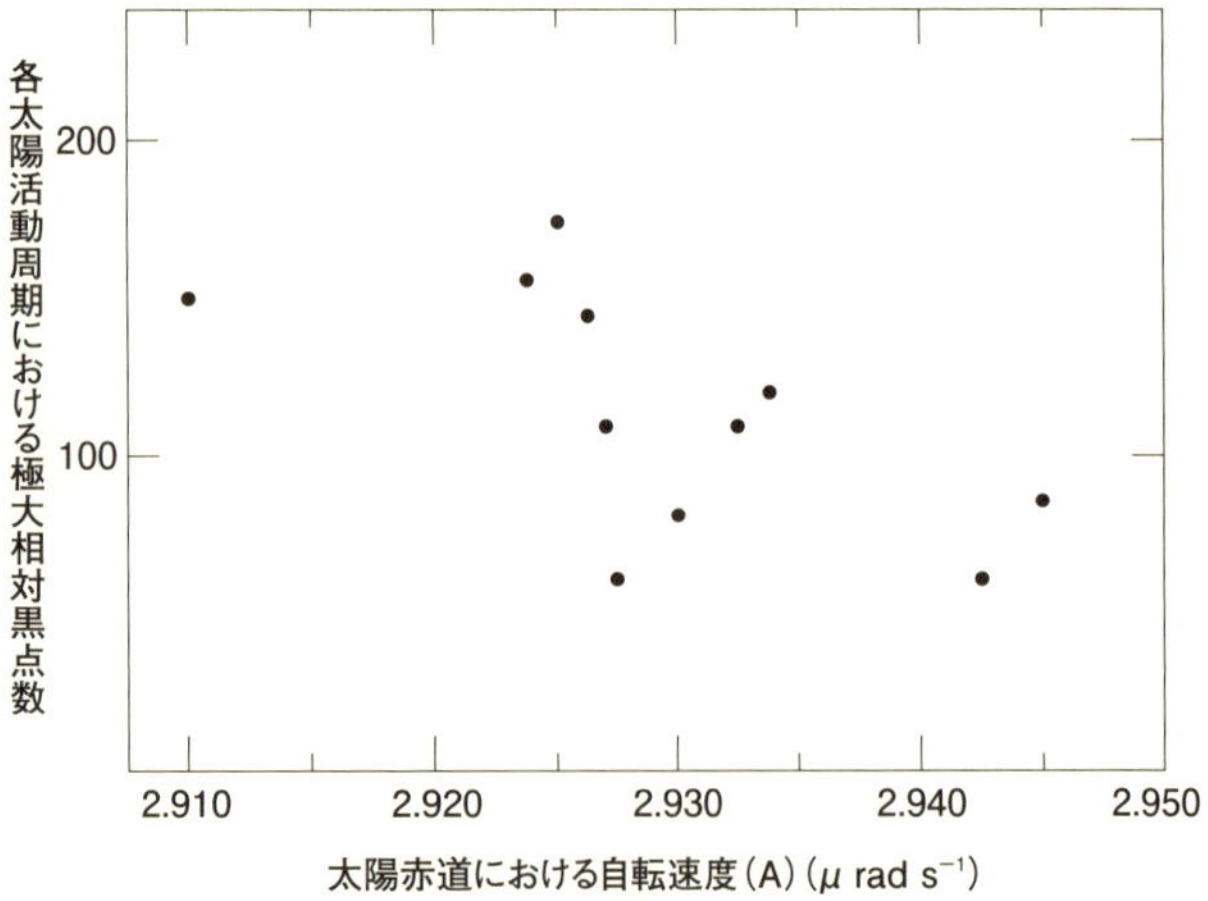

図33　太陽赤道における自転速度（A）と各太陽活動周期（サイクル）における極大相対黒点数との関係．太陽活動が活発になるにつれて，自転速度が減速されていくことが明らかである（自転速度の変動が太陽活動に影響しているものと考えられる）．

減速し続けてきていたことがわかる。だが、二〇〇〇年を過ぎてから、図34には示されていないが、太陽活動周期（サイクル）23に入ると、この自転速度は、加速に転じている。図34に太陽活動周期（サイクル）22に至るまでの太陽活動の全相対黒点が示してあるが、この周期には、すでに太陽活動が衰退に向かう徴候が現れているようにみえるのである。図30をみていただければ、了解されるであろう。

太陽活動の指数と太陽の自転速度との間には、図33および図34の二つに示した結果から逆相関の関係があることが明らかである。一方、太陽から放射される電磁エネルギー総量は、太陽活動が活発化されるにつ

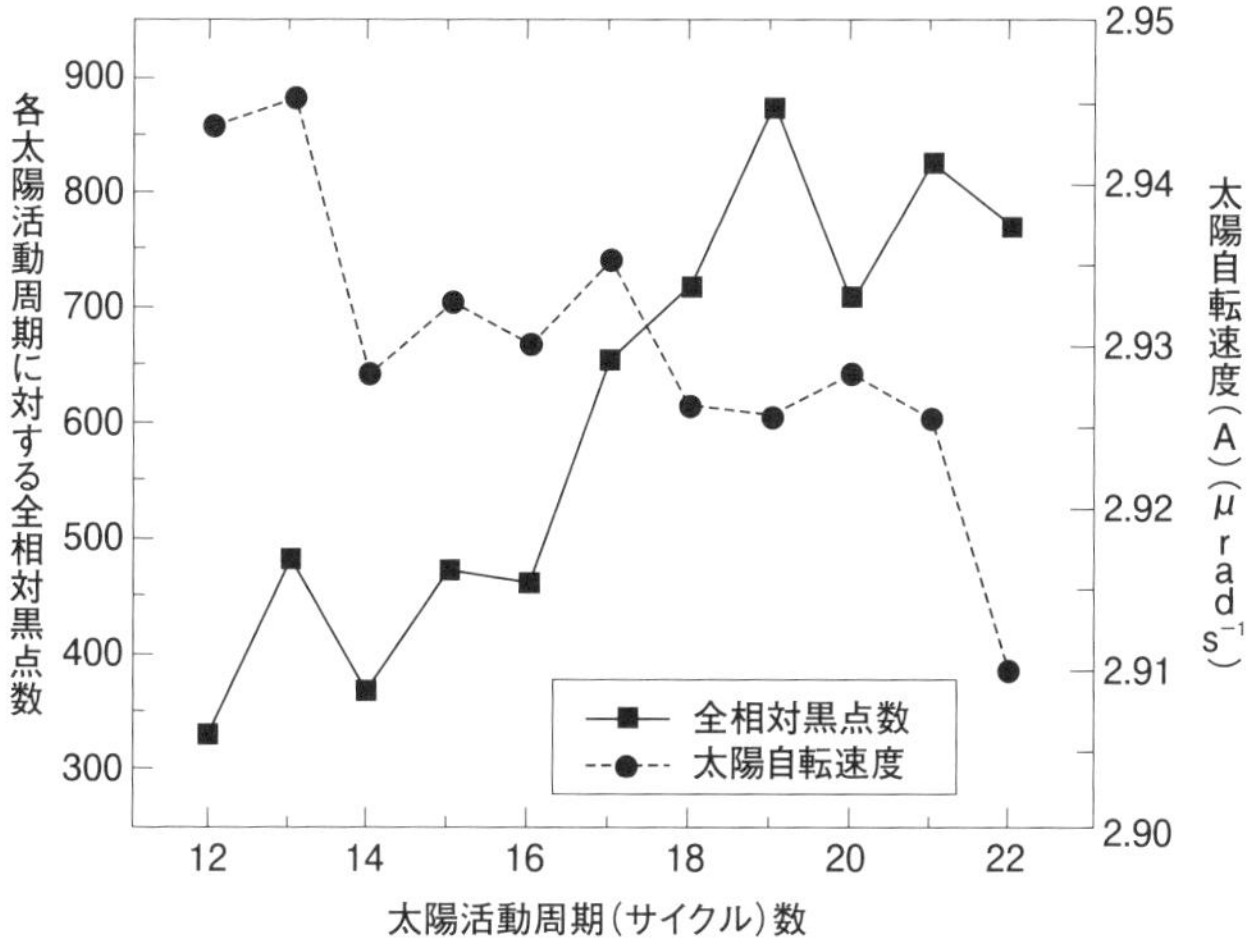

図 34　1882 年（サイクル 12 開始）以後，現在までの太陽赤道における自転速度（A）と各太陽活動周期（サイクル）に対する全相対黒点数の両長期変動パターン（K. Sakurai 他（2009）による）.

れて、増加する傾向を示すが、図2から明らかなように、その増加の割合は非常に小さく、〇・二パーセント（％）ほどにとどまる。このことは、太陽からの電磁放射エネルギーの変動が、地球の気候のそれには、ほとんど寄与していないことを示しているのである。図34に示した結果からみると、太陽活動にみられる活発化が、地球温暖化について、図4に示した結果と同様の傾向を示しているので、太陽活動の活発化が、気候変動をひき起こしているかのように、見掛け上は推論される。

しかしながら、太陽活動の活発さを表す指数は、相対黒点数から求められているので、太陽面上に観測される黒点や黒点群が、地球の気候変動に対し、何らかの影響をもたらすのだとしたら、それが何なのかについて探究することが、急務となる。次に、このことを研究課題として、この〝何なのか〟を探していくことにしよう。

太陽圏の構造と磁場 ── 太陽活動に伴う変調効果 ──

太陽の光球面に発生する黒点や黒点群には、強力な磁場が伴っている。現在、研究者たちによって支持されている太陽の内部は、図6に示したような構造から成り、光球の直下から太陽半径の三分の一ほど深くまでは、太陽を作るガス物質が対流と差動回転の二つの運動をしているダイナミックな場で、対流層と呼ばれている。この運動とこの対流層内にある磁場との相互作用を通じて、黒点や黒点群が生成されるのである。

　この磁場の一部はコロナ中にまではみ出していっており、太陽風によってひき伸ばされ、太陽圏へと広がっていく。この広がっていった磁場は、この風により、太陽から動径方向に伸びていくようにひき伸ばされるので、この磁場の強さは、太陽から遠くへ離れるにしたがって弱くなっていく。この磁場の強さについて、太陽活動の活発さに基づいて見積もる方法は、いろいろな研究者によって工夫されているが、その一つに基づいて求められた地球の公転軌道付

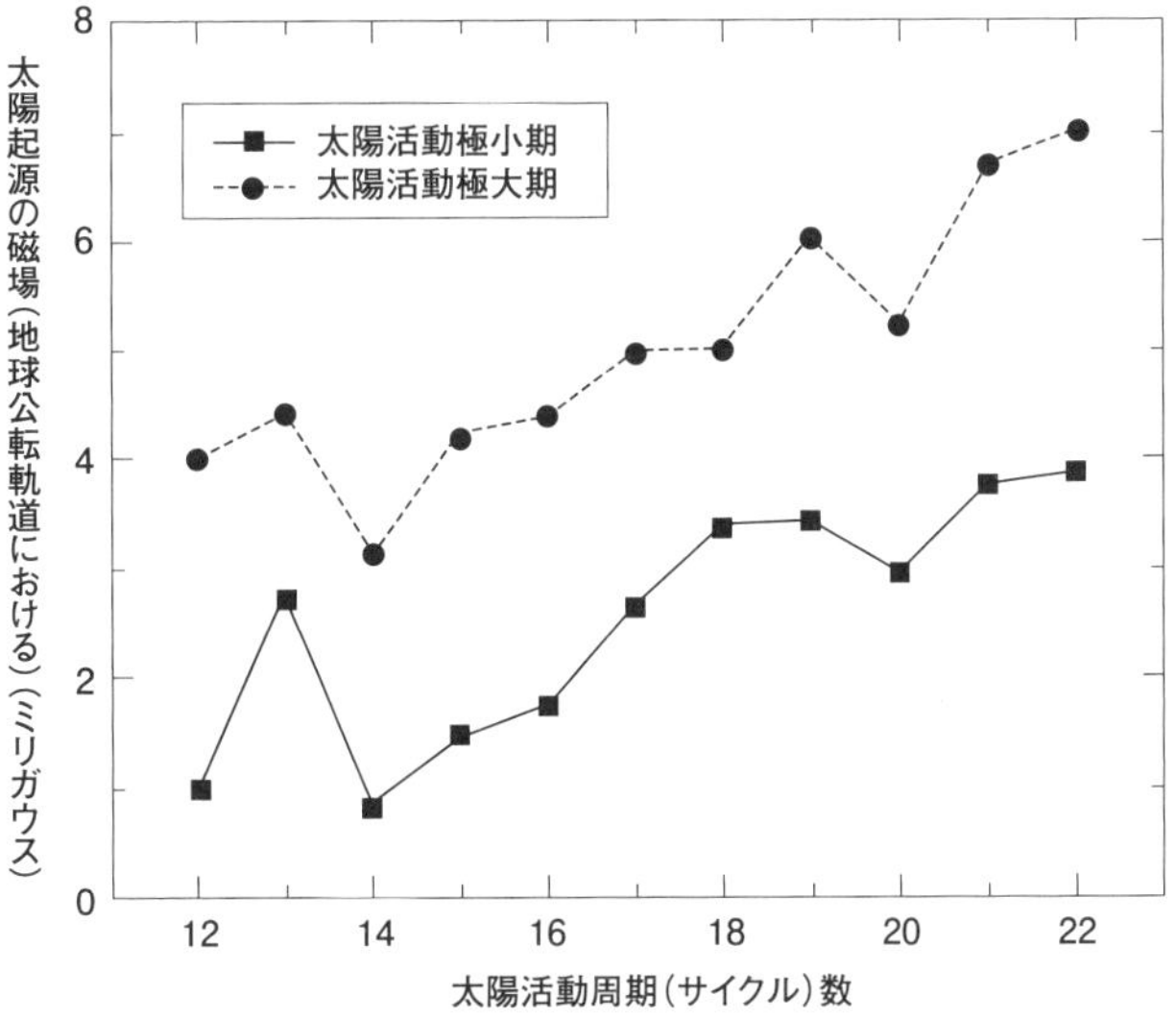

図 35　太陽コロナ外延部からひき伸ばされて太陽圏に広がる磁場（IMF）の強さにみられる長期変動（地球の公転軌道における強さを示す）．太陽活動極大期と極小期における磁場の強さが示されている（K. Sakurai 他 (2009) による）．

近における結果を示すと、図35のようになる。太陽活動の極大期および極小期の間には、数倍の開きがみられるものの、二〇世紀を通じて、この磁場の強さは、多少の出入りはあるものの全体として、二〇世紀の終わり頃まで、増加し続けてきたことがわかる。

前に、地球の磁場変動のスケールを表すのにaa指数（aa-index）と、太陽から伸び広がる磁場の強さとの関係を、図21に示したが、太陽圏内に広がる太陽風によってひき伸ばされた磁場が、太陽風とともに、地球の磁気圏に大きな影響を及ぼしていることを、この図は、私たちにみせてくれているのである。

宇宙線は、ほぼ完全にイオン化されていて、周囲をめぐる電子のほとんどすべてを失ったいろいろな原子核と電子とからなる高エネルギーの粒子群だが、これらの粒子は、太陽圏の先端に形成されている衝撃波から成る領域を突き抜けて、太陽圏の内部へと侵入してくる。そのごく僅かな部分が、地球の公転軌道にまで届き、地球の磁気圏が作りだす磁場の障壁を乗り越え、大気中へと侵入してくる。この大気中へと到達する宇宙線の数は、前章で、図22と図23の二つで示したように、相対黒点数で示される太陽活動の活発さの指数が小さい時期に大きくなる。この指数が大きい時には、宇宙線の大気中へと侵入する毎秒当たりの数（フラックス）は小さくなる。

図23に示した結果からも、当然推測されることだが、一八八〇年頃から以後、二〇世紀を通じて活

発さが増加していった太陽活動と、地球への宇宙線の到来数との関係をあらためて示すと、図36のような結果になる。この最近の過去一〇〇年余りを通じて、太陽活動は、図34から明らかなように、活発化していったが、その結果、太陽圏内に広がる太陽に起因する磁場の強さが増加していった。

この磁場の強さが増すにつれて、宇宙線粒子は磁場の作用で運動の方向を激しく曲げられてしまい、地球にまで到来する毎秒当たりの数（フラックス）が減少することになる。この減少は、大気中で宇宙線が生成するベリリウム同位体（^{10}Be）の数の減少をもたらす。図36に示した、このベリリウム同位体（^{10}Be）の生成率の変化は、太

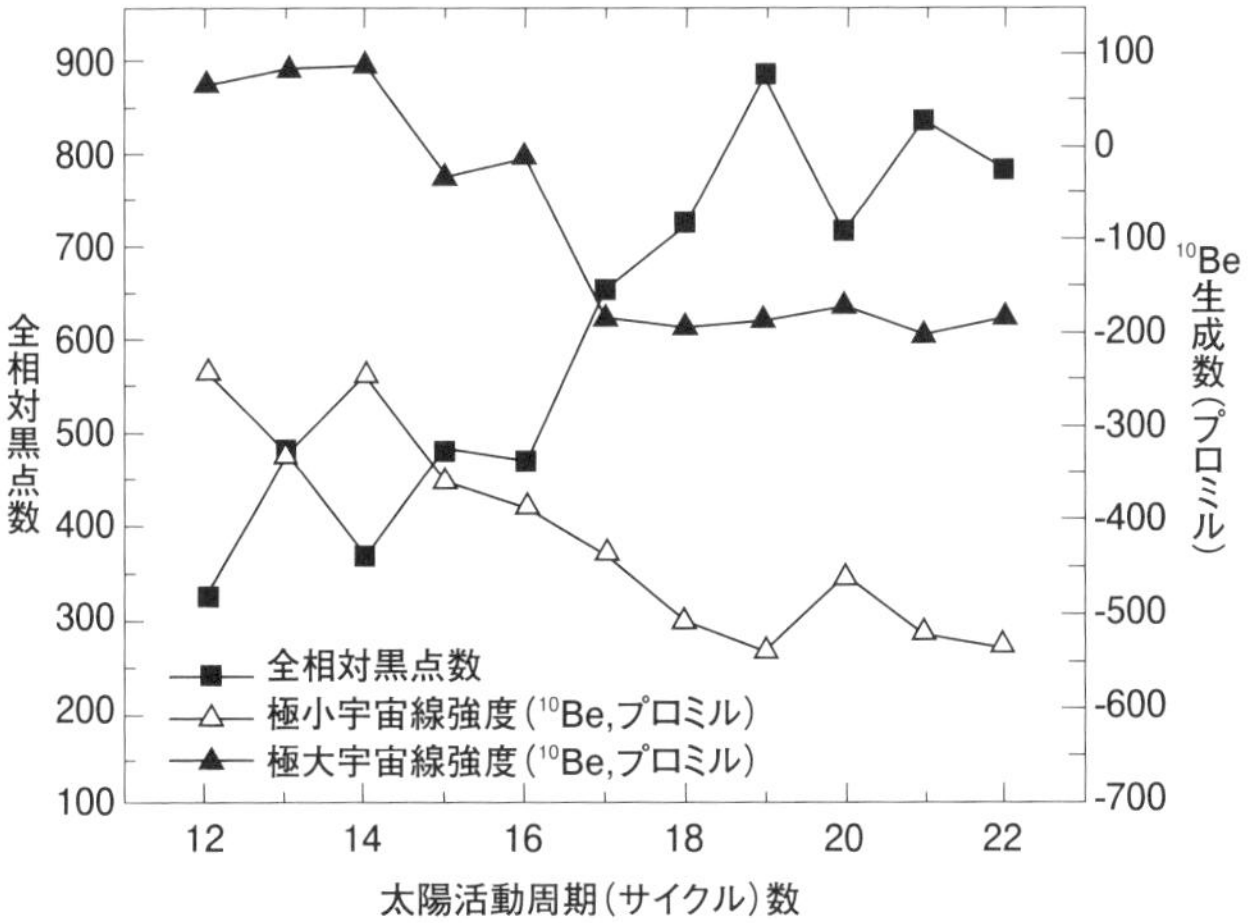

図36　1882年（サイクル12）以後における地球大気に侵入した宇宙線強度にみられる長期変動．宇宙線が大気中で核破砕により生成したベリリウムの同位体（^{10}Be）数を示す（K. Sakurai他（2009）による）．

陽活動の活発さの影響を直接反映しているのである。この図には、太陽活動周期の一つにみられる極大期と極小期におけるベリリウム同位体（^{10}Be）の生成率が示されているが、どちらも当然のことながら傾向は同じである。この同位体（^{10}Be）の生成率の永年変化だけをとりだして示したのが、図37である。二〇世紀を通じて、大気中へと侵入してきた宇宙線のフラックスは、ほぼ一方的に減少し続けてきていたことが、図36からわかる。また、図37から各太陽周期（サイクル）における全相対黒点数の大きい時に、ベリリウム同位体（^{10}Be）の生成量が小さくなっていることがわかる。

太陽圏に侵入してきた宇宙線の中で、地

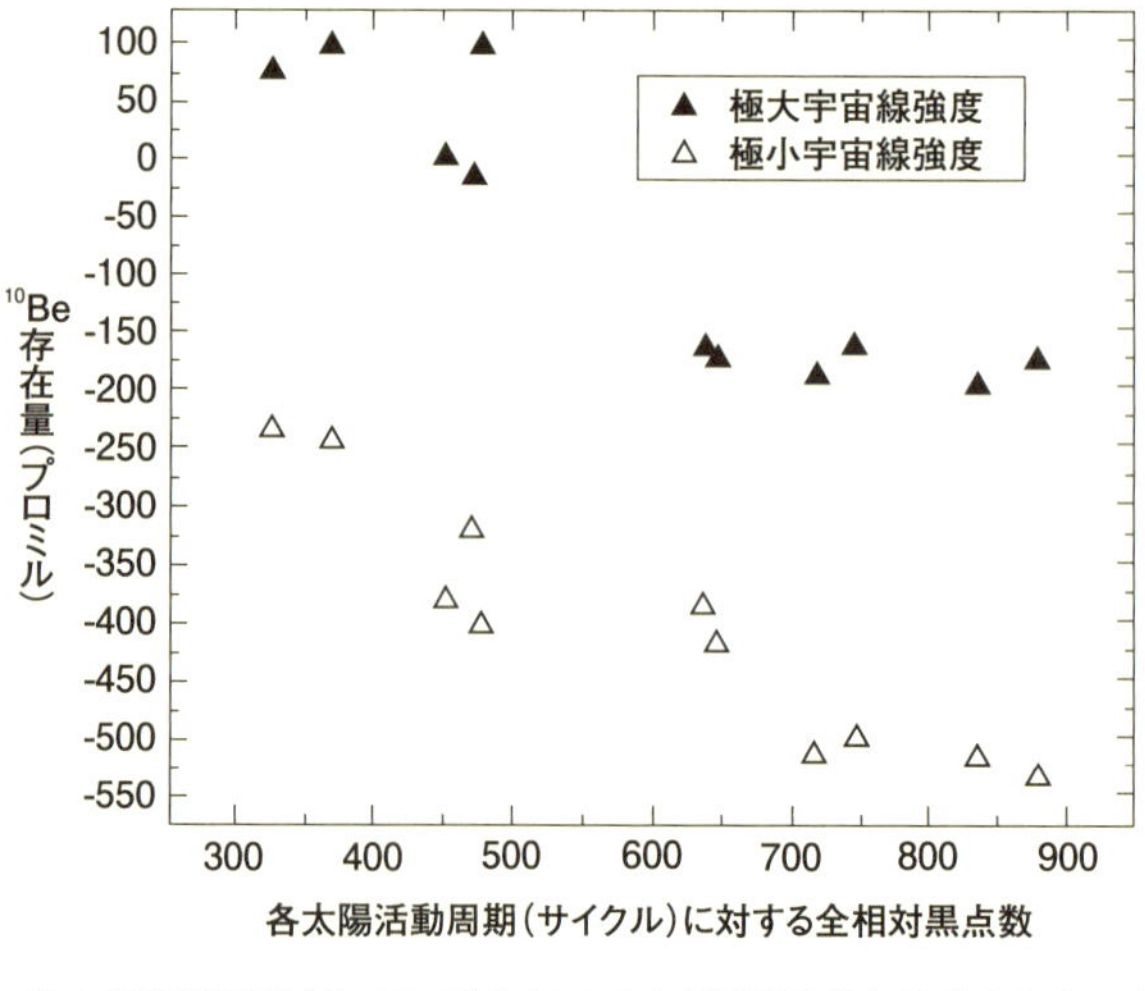

図37　各太陽活動周期（サイクル）に対する全相対黒点数と地球大気中へ侵入した宇宙線数（^{10}Be 数で表される）との関係. 太陽活動極大期と極小期の2つに対し, 宇宙線の侵入数が示されている（K. Sakurai 他（2009）による）.

球にまで到来し、大気中へと入ってきた宇宙線の数は、太陽活動の活発さによって、大きな影響を受けてきたことがわかるのである。この節では、太陽活動により、宇宙線が受ける変調効果（modulation effect）について主に述べたが、宇宙線の太陽圏内における挙動が、気候変動と因果的に関わっているとするデンマークのスヴェンスマーク（H. Svensmark）たちによる研究結果と主張について、検証するに当たって、ここで示した結果は、大いに役立つことであろう。

太陽活動の長期変動から見た気候の動き

第一章で、図４に示したように、世界における年平均気温は、一八九〇年以降、多少の出入りはあるものの全体として上昇する傾向を示している。同様の傾向は、わが国における場合に対しても、図38に示すようにえられている。日本の場合も、世界的な気温変動からはずれているわけではないことがわかる。このいわゆる地球温暖化の最近の過去一〇〇年余りにみられる傾向と、図34に示した太陽活動の活発さ、または、高さにみられる増大傾向とは、互いによく似ていると言ってよいであろう。

太陽活動の活発さが増大していくことは、地球の磁気圏や大気に何らかの影響を及ぼすことが予想されるので、その予想を裏づけてくれる何らかのデータや手掛かりを探すことが必要となる。太陽活動の活発さは相対黒点数で大よその状態が表されるので、可視光領域の電磁放射エネルギー量はほとんど変化しないとしても、紫外線やX線の領域は、数倍にも及ぶ変動があるから、それによる上層大気の加熱による変動があるかも知れない。

実際に起こったことで、注意すべきなのは、太陽活動の極大期には、成層圏より上層の大気が膨張し、地上二〇〇キロメートル（km）より上空を飛行する科学衛星に、膨張した大気による抵抗が働くことが知られている。一九八九年の極大期には、アメリカのSMM（Solar Maximum Mission）衛星、日本のX線天文観測衛星（ぎんが）の二つが、この膨張した大気の抵抗により強く減速され、数ヵ月で大気圏に突入、燃え尽きてしまった。大気圏に突入して燃え尽きる以前に、SMM衛星は、太陽からの電磁放射エネルギーのフラックスを長期にわたって測定し、このフラックスが太陽活動の変化に応じて変わって

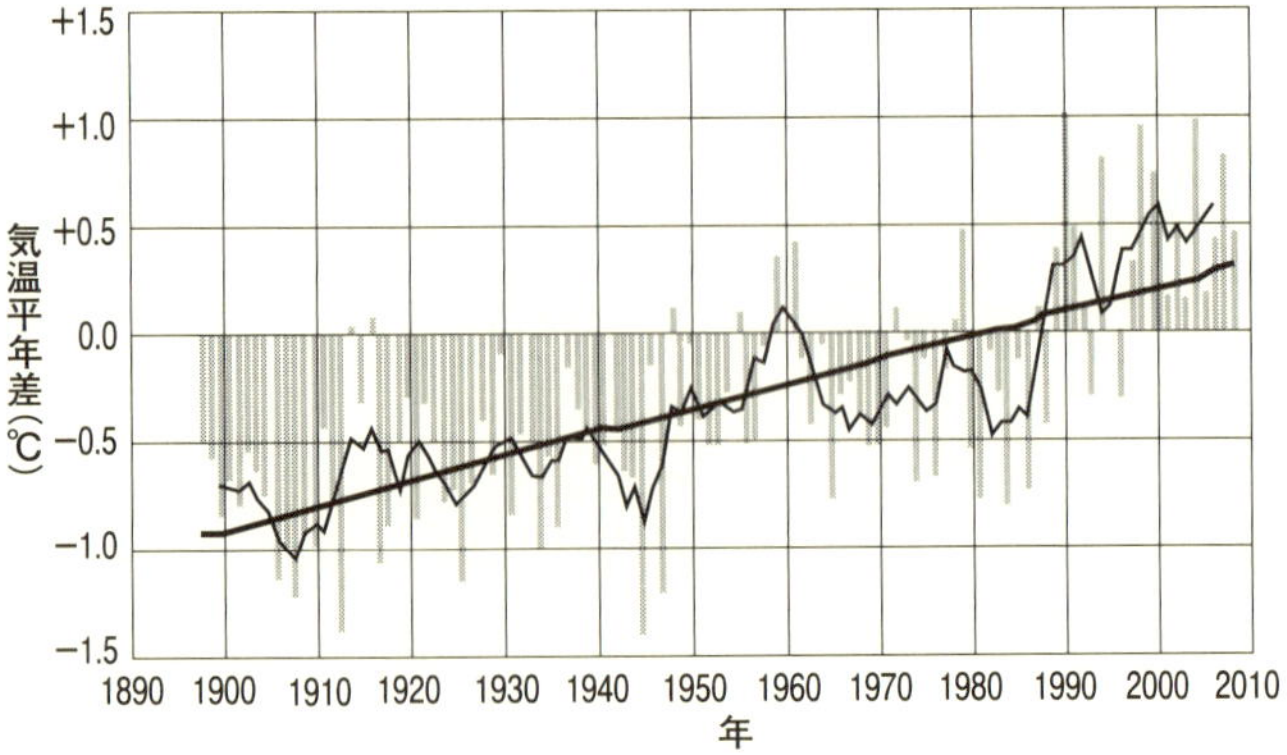

図 38　日本における年平均気温の長期変動（1971～2000 年の平均からの偏差を示す）（国立天文台編『理科年表平成 22 年版』丸善（2009）より）.

いくことを、初めて明らかにしたのであった。

図39に示すいくつかのグラフは、ハーバード大学のリーン（J. Lean）によって括められたものだが、一六一〇年以降の太陽活動の変動(a)とそれに伴う太陽からの電磁放射エネルギー総量(b)、大気中に侵入した宇宙線が生成した二つの同位体、炭素14（^{14}C）とベリリウム（^{10}Be）の存在量(b)、それに期間が短いが、一八五〇年頃から後の北半球における平均気温(c)の四つが、年代順にプロットされている。(c)に示されているBJ93は、IPCCの結果に準拠して推定された地表付近の気温の変動を示す。BJ93は、ブラッドレー（R. S. Bradley）とジョーンズ（P. J. Jones）が、一九九三年に発表したグラフであることを示している。

この図の(b)で、滑らかな細い曲線が、一九〇〇年代の初期まで引かれているが、これが、放射性炭素、炭素14（^{14}C）の生成率の変動を示している。人類の産業活動による石炭、石油といった化石燃料の大量消費が拡大した一九〇〇年頃から以後は、大気中における放射性炭素（^{14}C）の濃度が極端に小さくなり、信頼に足るものとはならなくなってしまった。この事実について初めて指摘したジュース（H. Seuss）に因んで、〝ジュース効果〟と命名されている。

前節で、太陽活動の長期変動と宇宙線が大気中で生成するベリリウム同位体（^{10}Be）の存在量の経年変化との関係を図36に示した。このベリリウム10（^{10}Be）についての分析結果と気候変動について

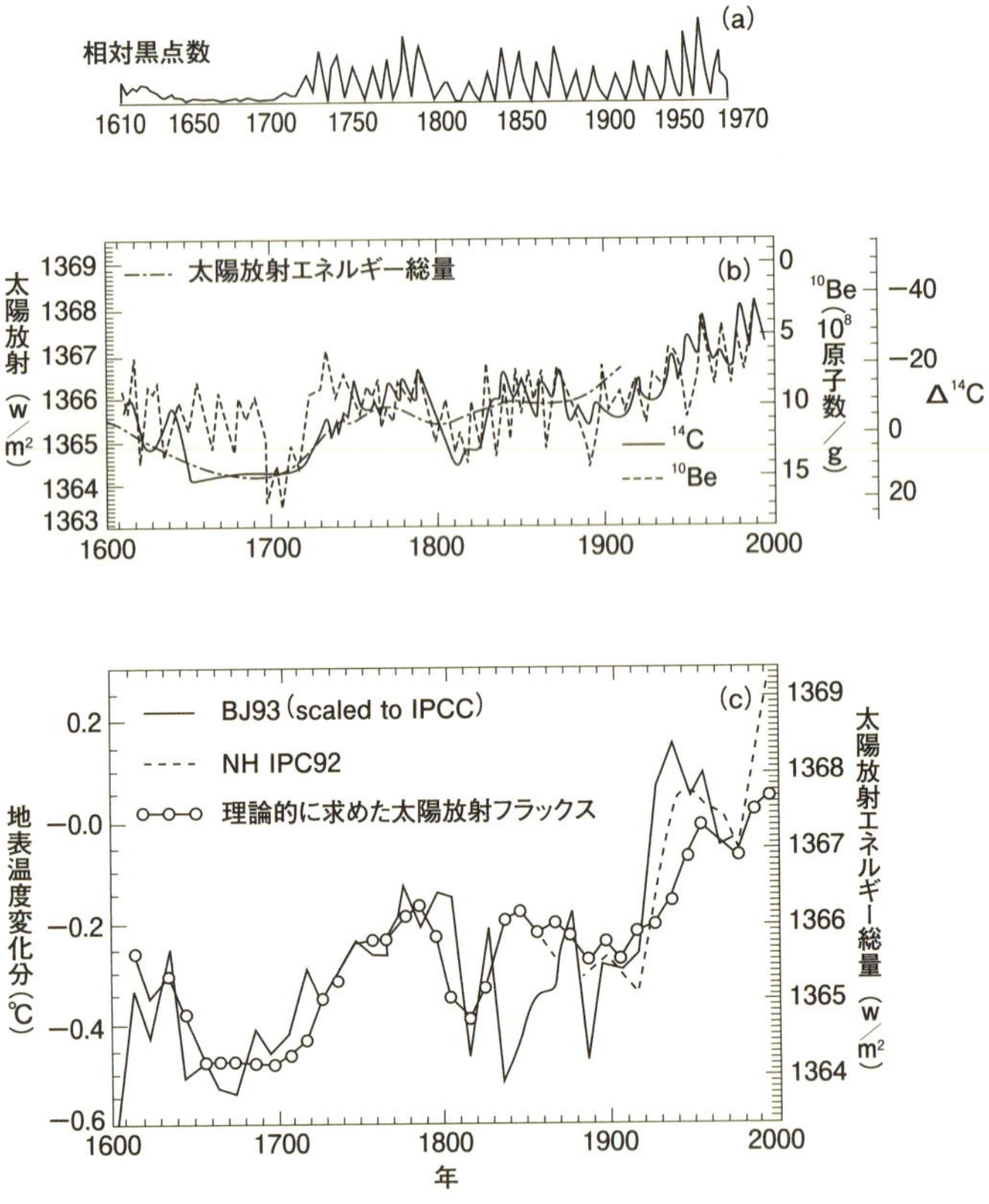

図 39　1610 年以後における太陽活動の変動（a），宇宙線の侵入数の変動（b），太陽放射および地球気温の変動（c）．（F. Lean（1997）による）（詳細は本文中で説明）．

の指標となる世界の年平均気温の両長期変動の関係を調べると、図40に示したような結果がえられる。この年平均気温が増加していく傾向を示すのに対し、地球大気中への宇宙線の到来する割合が減少し続けていったことが明らかである。地球大気の下層域をイオン化し、水蒸気の凝結核生成に導く働きをする宇宙線粒子のエネルギーはベリリウム10（^{10}Be）の生成に効率よく働く宇宙線粒子のエネルギーより高いのだが、このベリリウム10（^{10}Be）の生成の割合が、よりエネルギーの高い宇宙線粒子の地球大気中への入射数（フラックス）を大筋では表していると想定してもよいであろう。

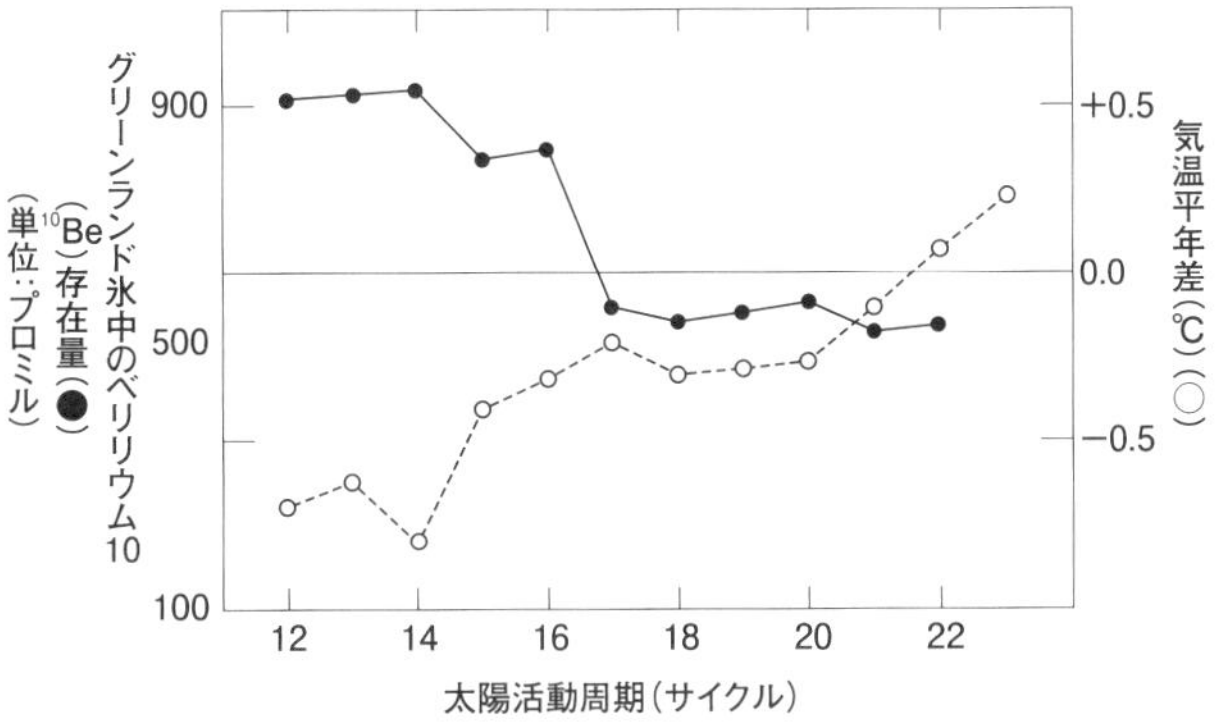

図40　宇宙線により大気中で生成されたベリリウム同位体（^{10}Be）の存在量と地球温暖化との間にみられる“見掛け上の”関係．宇宙線の侵入量の低下とともに温暖化が進んだようにみえる．

第6章 気候変動の歴史と太陽の変動性

一九九九年以後、地球温暖化の傾向が停止の状態に入ってしまったらしく、〝気候変動に関する政府間パネル〟（ＩＰＣＣ）が予測した温暖化の傾向、つまり、世界の年平均気温の上昇傾向は、二〇〇〇年頃にはすでに止まっており、その状態は、本書執筆時点（二〇一〇年五月初旬）まで続いている。この状態が、今後どのように変化するかについては、予断を許さないが、太陽活動が極端に低下したここ一〇年ほどにわたって観測されてきた状態が、今後更に一〇年、二〇年と続くような事態となれば、地球の気候に大きな影響を招来するものと予想される。

私事で恐縮なのだが、図32に示した太陽活動周期（サイクル）20に測定された相対黒点数の年平均値と太陽の自転速度（赤道における大きさ）との関係（黒丸で示してある）と、一つ前の周期（サイクル）19の太陽活動の活発さとを比べることから、一九八〇年代以降の太陽活動について予測した論文を、一九七七年に、私はイギリスの週刊科学誌『ネイチュア』（NATURE）に発表した。その予測とは、太陽活動が極端に低下し、一九八〇年頃から以後にマウンダー極小期に起こったような気候の寒冷化が生じるのではないかというものであった。

私の投稿論文は、査読者（referee）によるコメントなどは全然なく私自身拍子抜けするほどであった。編集長から、私の英文に手を入れるから、校正時に誤りがあったら直せという連絡だけがあり、校正を経た上で、先に記したように、当の論文は『ネイチュア』の一九七七年の九月二九日号に掲載された。だが、太陽活動については、私の予想したようには進まず、太陽活動周期（サイクル）21（一九七七年に開始）は、非常に活発で予想とは大きく異なるものであった。

このような経験があるために、今後の太陽活動の指数である相対黒点数の変動についても、予測を述べるのに、いささかの躊躇があるのだが、次章で現在、私が抱いている見解について、〝ひとつの予測〟として表明するつもりである。

過去一万年にみられた気候変動 ―― ウルム氷期以後 ――

今から八千年余り前に、最後の氷河期（Ice Age）であるウルム（Wurm）氷期が終わった。この氷期の後、地球の気候は急激に温暖化し、現在に比べてセ氏にして一・五度ほど高くなった。この温暖な気候は三千年ほどにわたって続き、それ以後、徐々に温暖化した状態から気温が下がり、紀元前一〇〇〇年の頃には、現在と余り違わない気候となった。この温暖化の進んでいた三千年ほどにわたる期間が、わが国の場合では縄文時代にあたっており、この時代の日本列島は温暖な気候の下にあったことがわかる。

縄文時代の前期には、日本の本州最北部にまでわたって、栗の木が、また照葉樹が繁茂していた。青森県にある三内丸山（さんないまるやま）遺跡には、縄文人が栗を食べていた証拠が残されているし、海がこの遺跡のすぐ近くにまで迫っていたことも、明らかである。関東地方に目を向ければ、伊勢崎ほか群馬県にさえ、当時の貝塚がみつかることから明らかである。縄文時代には海水面が上昇しており、いわゆる海進が起こっていたのであった。

ウルム氷期以後、最近までの世界の平均気温の推移についてみると、図41に示すようになっており、縄文時代の平均気温が、現在よりもかなり高かったものと推測されるのである。この時代の太陽活動の活発さについては、最近の太陽活動周期（サイクル）19（一九五四〜一九六四年）と同程度に活発であったと、木々の年輪中に残さ

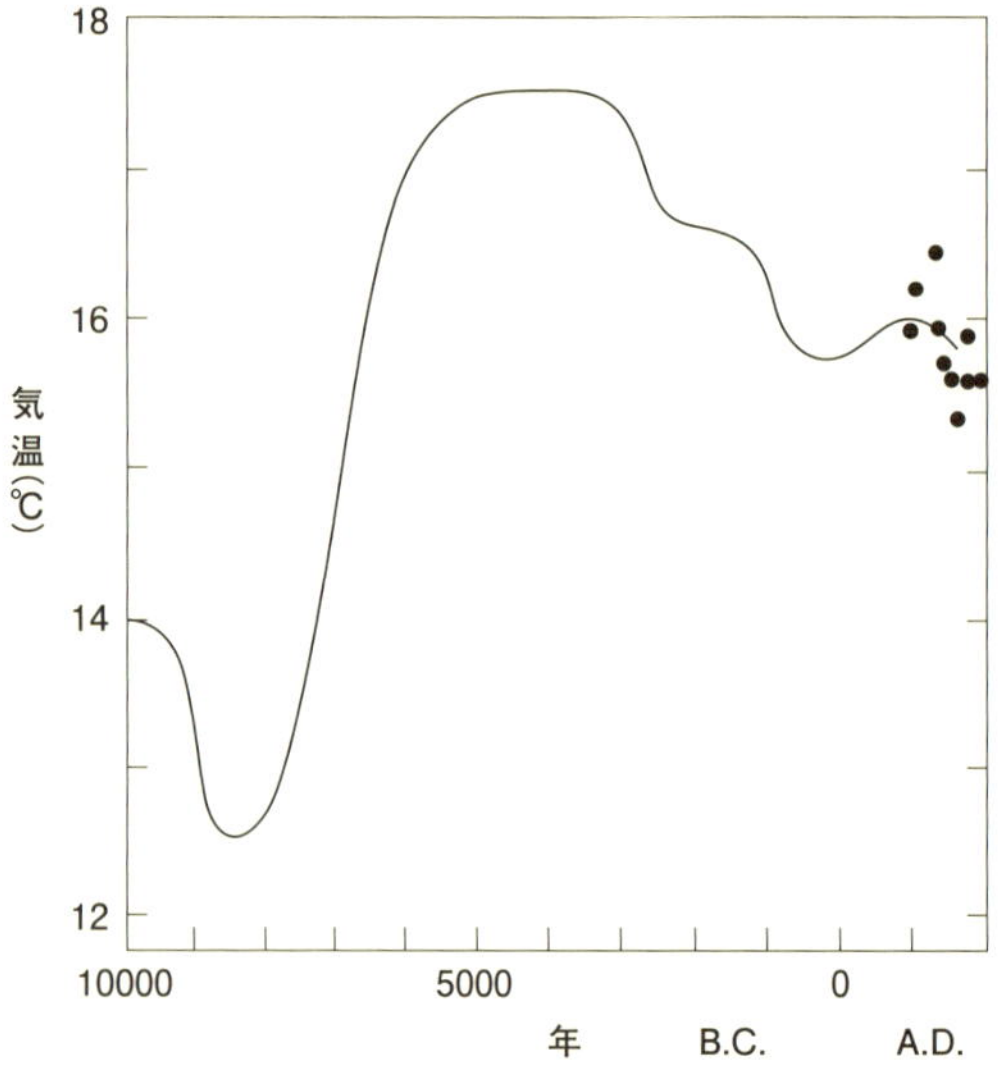

図41 ウルム（Wurm）氷期以後における地球の気温変動（H. Lamb（1982）による）．黒丸は測定値を示す．

れた放射性炭素（^{14}C）の分析結果から明らかにされている。

放射性炭素（^{14}C）が木々の年輪中に遺した記録の分析は、世界各地の研究者によって成されており、それらの結果をみると、太陽活動の活発さ、言い換えれば、高さは、時代とともに変化していることがわかる。その変化の様相には、何の規則性もないことが、明らかである。〝マウンダー極小期〟の存在を、初めて指摘したジャック・エディ（J. A. Eddy）は、放射性炭素（^{14}C）の木々への蓄積量の分析を通じて、五千年ほど時代をさかのぼった時以後の太陽活動について、図42に示す

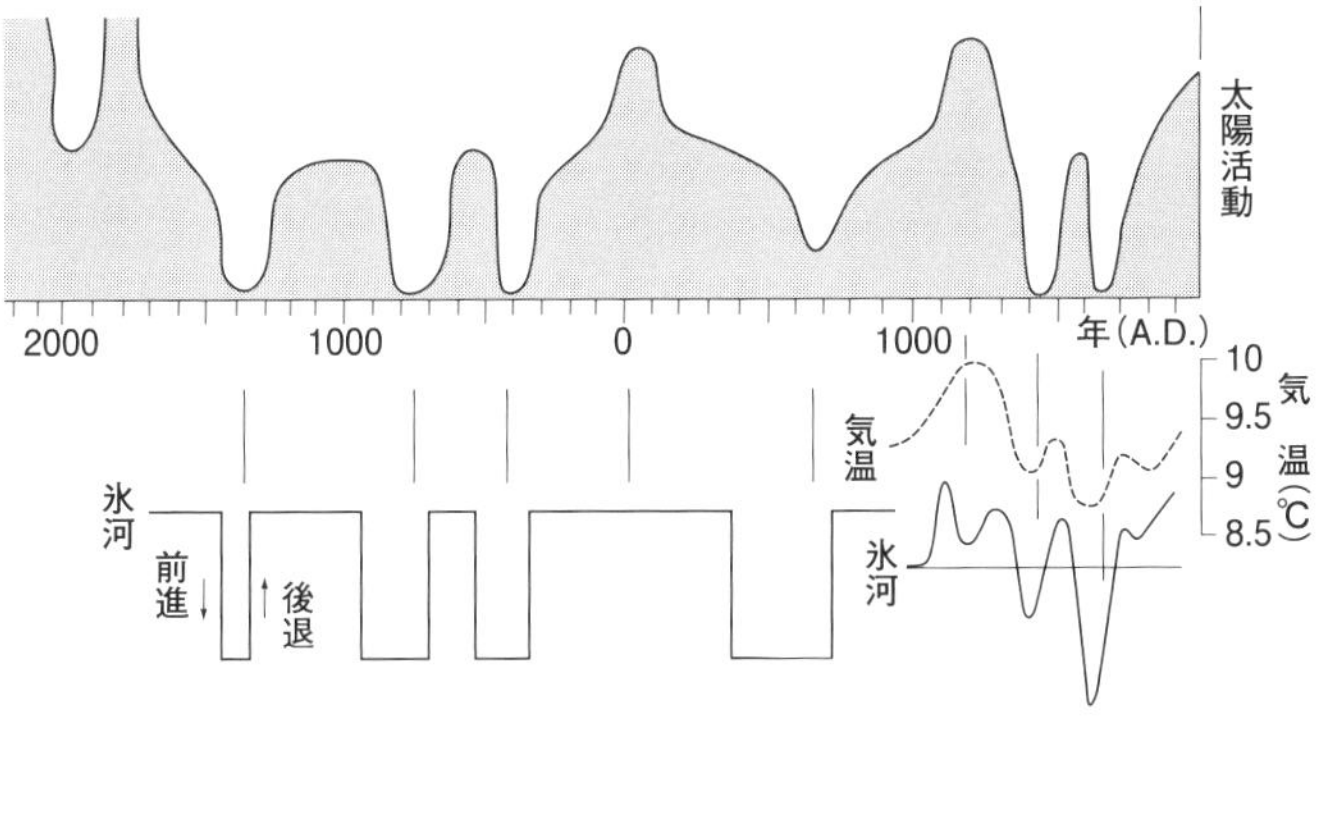

図 42　過去 4000 年にわたる太陽活動の変動とスイス・アルプスの氷河の前進・後退の変動パターン．1000 年頃以後については，気温変化が示されている（J. A. Eddy（1976）による）．

ような結果をえている。

太陽活動の長期変動に呼応して、スイス・アルプスの氷河に前進と後退が起こっていることがわかる（図42）。一〇〇〇年頃から以後は、この図からわかるように、気温変動とこのアルプスの氷河の前進・後退について、かなり詳細な観測記録が残されている。これらの記録と太陽活動の変動との間には、対応した動きがみられ、太陽活動の長期変動が、地球環境に大きな影響を及ぼしていることが、はっきりとみてとれる。

図41に示された結果からも、紀元前五〇〇〇年から以後の約一五〇〇年にわたる期間が太陽活動のかなり活発な時代であったことがわかる。また、古代エジプト文明と、中東におけるシュメール文明が繁栄した時代も、同様に太陽活動が極めて高い時代であったことも、この図の結果から明らかである。ローマ帝国が栄えた紀元前後、それに九〇〇年頃～一二五〇年頃まで続いた中世の大温暖期（Medieval Grand Maximum）も、太陽活動が極めて高い時代であった。

図31に示した結果からわかるように、一八八〇年頃（周期12）から以後、二〇〇〇年少し以前（周期22）にわたる一二〇年ほどの期間をみると、一九六〇年代に至るまで、太陽活動の活発さは漸次増大の傾向を維持していた。この傾向は、図34をみれば一目瞭然で、一九世紀半ば頃から以降、活発化の一途を辿っていたのであった。この図では、太陽活動周期（サイクル）12から始まるが、この周期

は一八八二年開始で、周期（サイクル）22は一九九六年の開始である。この一二〇年ほどの期間を通じて、地球温暖化（global warming）も進んだが、太陽が放射する電磁放射エネルギーの総量は、図2に示したように、これだけの期間を通じて、僅かに〇・二パーセント（%）しか増加していない。

地球温暖化の長期的な経年変化の様相と太陽活動の活発さ、あるいは、高さの増大傾向を示す経年変化との間には、両者を並べてみた時、何らかの因果関係があるようにみえる。だが、太陽活動の活発さ自体がもたらした電磁放射の増加が、地球温暖化の直接の原因ではないことについては前にふれたことがある。では、何が、このように因果関係があるかのようにみせているのであろうか。この問題について、研究を進める前に、なされるべきことは、最近の過去一〇〇〇年ほどの期間に、太陽活動の活発さがどのように推移したかについて明らかにすることであろう。その上で、二〇世紀末から今世紀（二一世紀）初めの数年間にかけての期間における太陽活動の様相と気候変動との間にみられる観測事実を明らかにし、背後に潜む原因を究明することであろう。

最近の過去千年にみられる気候変動と太陽の動き

一七世紀の半ばから一七一五年頃までの約七〇年にわたって、太陽面上に黒点や黒点群がほとんど観測されなかった。当時は、黒点を見つけ、それについて記載しただけでも、論文として発表できたというから、黒点や黒点群が、太陽面から消えてしまったという事実は大変なことだったといってよいのだろう。だが、この時代の名称の由来となったマウンダー（W. Maunder）が、一九二二年にあらためて、この無黒点期について注意する論文を発表したのだが、研究者の注意をひくことがなかった。

このマウンダーの論文について、注意を喚起したのが、太陽風の存在を予言したパーカー（E. N. Parker）で、一九七二年のことであった。この注意の重大性に気づき、太陽活動の長期変動と気候変動との関係について研究を始めたのが、ジャック・エディであった。先にでてきた無黒点期（一六四五〜一七一五）を〝マウンダー極小期〟と呼ぶよう提案したのも、この人で、彼はこのほかにも、図42に示した太陽活動の長期変動のパターンから推測されるようにいくつかの太陽活動

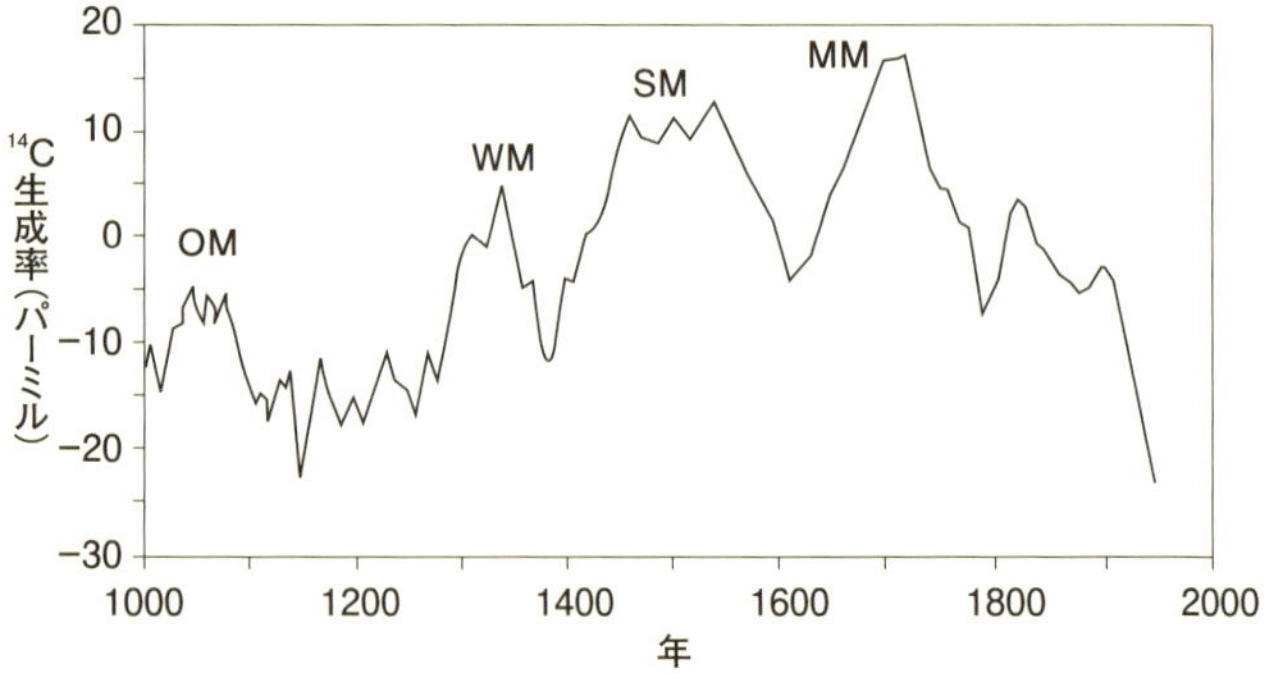

図 43　最近の過去 1000 年にわたる太陽活動の活発さの変動．宇宙線が大気中で生成する放射性炭素（^{14}C）の生成率から推測された（Usoskin (2004) による）．

衰退期があることにも言及した。図43に、一〇〇〇年以後に起こった太陽活動が極端に低下していた時代について、炭素の放射性同位体（^{14}C）の生成率に関する分析結果からえられた結果を示す。この図で、MMがマウンダー極小期を表し、ほかのOM、WM、SMはそれぞれ、〝オールト極小期〟（Oort Minimum）〝ウォルフ極小期〟（Wolf Minimum）、〝シュペーラー極小期〟（Spörer Minimum）を表している。このほかに、規模は小さいが、一八〇〇年を中心に約六〇年にわたる〝ドールトン極小期〟（Dalton Minimum）がある。〝オールト極小期〟は、この図からも推測されるように、中世の太陽活動大極大期の中にみられた太陽活動の停滞期なので、地球が寒冷化していて、人々の暮しに大きな影響を及ぼしたというものではなかった。〝ドールトン極小期〟の気候については、私自身も詳しく調べ、『夏が来なかった時代』と題した著書に括めている（吉川弘文館、二〇〇三年）。

今挙げた、ウォルフ、シュペーラー、それに、マウンダーの三つの太陽活動極小期は時間的にみて、大よそ一〇〇年ほどの隔たりをもって起こっていることがわかる。更に、ドールトン極小期も、マウンダー極小期から一〇〇年余り後に起こっているので、こうした太陽活動の活発さにみられる極端な衰退期は、一〇〇年前後の不規則な間隔をおいて、起こるという何らかの性質が、太陽の内部に隠されているのかも知れないのである。

〝オールト極小期〟以外の四つの太陽活動極小期（ウォルフ、シュペーラー、マウンダー、ドールトン）のいずれも、地球環境には寒冷化が起こっている。図43に示したように、これらの極小期には、地球大気中への宇宙線の侵入数が大きくなっていたことが、宇宙線と大気との相互作用から生成される放射性炭素（^{14}C）の生成率から明らかである。この事実は、地球大気中における宇宙線の挙動が、気候の寒冷化に何らかの関わりをもつのではないかとの疑問を抱かせる。

地球の気候にみられる寒冷化は、今みたいくつかの太陽活動極小期に特に著しいので、寒冷化の究極の原因が、太陽活動の極端な衰退期の出現にあるのではないかとの疑問を抱かせる。しかし、太陽から放射される電磁エネルギー総量はほとんど変化しないので、この原因は他のところに求めなければならない、ということになる。

オランダのアムステルダムにある国立美術館には、フランドル派と総称されるマウンダー極小期を中心に活躍した画家たちの作品が数多く展示されているが、それらの中の風景画をみると、空は大部分が雲で掩われており、暗いものが多いのに気がつく。また、レンブラントやフェルメールの作品をみると、作中の人物はすべてが、厚着をしており、頭には大抵、冠り物をつけている。これらの作品を見ながら、私が考えこまされたのは、これらの画家たちが生きた時代が、大変に寒さが厳しく暮しにくかったのではないかということであった。イギリスでは、ロンドンを貫いて流れるテームズ河が氷結したたし、オランダでは運河が凍ってしまった。こうした状況は夏にまで続いたこともあった。マウンダー極小期は地球が寒冷化した時代なのであった。

わが国でも、気候の寒冷化が起こっていた。この極小期の時代は、家光、家綱、綱吉の徳川三代にわたるが、気候不順で、農作物不作の時代であった、NHK大河ドラマ「春日局」の中で、家光が食べ物に不満を言った時、春日局が世の人々が食べる物がなく困っている時に、そんなことを言ってはいけないとたしなめていたのが、極めて印象的であった。わが国も例外ではなかった。

地球の気候は、九五〇年頃から温暖化していき、一二五〇年頃までは、中世の大温暖期と呼ばれるように、非常に穏和な気候に地球全体が覆われていた。現在の気候と比べても、セ氏で平均〇・五度かそれ以上、温暖化していたと推定されている。今では荒涼とした氷と雪の大地となっているグリーンランドの西海岸へは、ヴァイキングの末裔たちが入植し、農業を起こし、豚などの家畜も飼養していた。名前から想像されるように、〝緑の大地〟なのであった。また、当時はカナダ東部のノヴァ・スコシア半島付近でも、野生のブドウが実っていた。このようなことが生じたのは、地球温暖化が、中世に起こっていたからであった。

地中海では、〝ロットネスト海進〟と呼ばれる海水面の上昇が起こっていたが、わが国の場合でも、海進の影響は、例えば、大阪湾の奥深くにみられた。湾は現在の京都府の南の地域にまで広がり、現在の区画でみると九条の南の辺りまで、海が迫っていた。私が京都大学に学んでいた当時、京都の南部に淀川の流れに沿って〝巨椋池（おぐらいけ）〟と呼ばれる大きな沼沢地が広がっていたが、それがかつての大阪湾の最も深く入りこんだところなのだということであった。現在の鎌倉は、ＪＲ鎌倉駅から東に歩いていくと鶴岡八幡宮の参道にかかる大鳥居に出会う。この辺りまで源平の時代は、海が迫っていたという。那須与一（なすのよいち）で有名な屋島の合戦では軍船が活躍したように屋島は海に囲まれていたが、現在では陸続きで昔の梯は全然ない。現在では、海が退いてしまっているからである。源氏と平家が争った時代は、気候が温暖化していたのである。

この中世の大温暖期は、一二五〇年頃に終息に向かい、それ以後、地球の寒冷化が始まり、いくつかの寒冷化が極端に低下した時代を含んでいたが、一八五〇年頃に、この寒冷化の時代が終わった。五〇〇年ほどにわたって続いたこの寒冷化の時代は、現在、〝小氷河期〟(Little Ice Age)と呼ばれている。

太陽活動が極端に衰退していたいくつかの極小期(図43)が、オールト極小期を除いてすべて気候の寒冷化をひき起こしているという事実は、太陽活動を極端に衰退させる何らかの未知の原因が、太陽の内部にあって、その影響が太陽の周辺から、太陽圏の内部に広がり、その結果、地球周辺の物理状態に変化をひき起こし、この変化に因果的に関わって気候の寒冷化を生じるのではないかと推測されるのである。このようなことをひき起こす原因が、太陽圏内に広がる太陽に起源をもつ磁場とプラズマに因果的に関わっているのではないかと今までに考察してきた結果に基づいて、私は推測しているのである。

一九世紀半ば以降の太陽活動と気候の関わり

一九世紀の半ば、一八五〇年頃から以後、世界の平均気温は図４に示したように、多少の増減はあるものの、上昇の傾向が続いている。また、大気中への炭酸ガス（CO_2）の蓄積量は図３に示したように、年ごとに増加していっている。炭酸ガス（CO_2）は海水にもよく溶けるので、大気中だけでなく、海洋中にも大量の炭酸ガス（CO_2）が蓄積されていると推測されている。また、このガスは植物の光合成に不可欠なので、もしかしたら、大気中への炭酸ガス（CO_2）の排出量の増加は、植物にとっては好ましいことなのかも知れない。このように言うのは、植物の種類によっては、大気中に精々〇・〇四パーセント（%）しか含まれていない炭酸ガス（CO_2）を有効に取りこむために、気孔に特別の工夫をしたりしているものがあるからである。

先に引用した図３と図４の二つのグラフをみると、世界の年平均気温には、かなりの出入りがあるのに、炭酸ガス（CO_2）の蓄積量の年変化には、季節変化が各年ごとにみられるが、全体的には単調に増加していく傾向がある。この傾向は、少なくとも二〇〇九年まで続いている。この両者の間にみられる相異が、もしかしたらある種の本質的な原因に関わっているかも知れないというヒントを、図14に示した結果が握っている可能性があるからである。

第五章で、太陽活動の活発さ（相対黒点数の大きさに関わる）が、一八八二年に開始する太陽活動周期（サイクル）12以後、二〇〇〇年頃までの期間において、どのように推移したかについて、太陽の自転速度の経年変化とともに、図34に示した。この図に示した太陽活動の活発さの経年変化は、一九六〇年前後に特に活発さが強く、太陽活動周期（サイクル）20以後は、この活発さが減少していっていることを教えてくれる。また、図35に示した太陽コロナ上空から太陽圏に向けて伸び広がっている磁場（ＩＭＦ）は、太陽活動周期（サイクル）の各々についての極大期と極小期において、その強さが三倍強異なるが、一九世紀末から二〇〇〇年頃まで、多少の出入りはあるものの、磁場は強くなっていっている。一九六〇年前後の二〇年余りの期間において、この磁場の強くなる割合が特に大きくなっているようにみえる以外は、その強さはほぼ単調の増加だった、と言ってよいであろう。

一九六〇年前後の二〇年ほどにわたる期間について、世界の気温変動（図4）をみると、一九三五年頃～一九六五年にかけて、気温の上がる向きが少しだけ下がる向きにずれているように見える。この傾向は、日本における気温変動にもみられるので（図38）、汎世界的に起こった気温の特異的な変動であったと言ってよいであろう。

地球表面付近の気温について、地球全体の平均気温を取り上げ、一九七五年頃から以後の変動の様子をみると、図44に示すような結果となる。この図をみて気づくことは、一九九九年から後の平均気温は増加せずに、二〇〇九年まで、ほぼ一定の値に維持されていることが明らかである。この期間における気温の変動傾向を見るために、平均曲線を引いたが、その傾向はほぼ一定に推移していることがわかる。気温の変動幅からみると、人によっては、気温はむしろ下がり気味だとみる向きもあることであろう。

この図44に示した結果をみれば、一九九八年にマイケル・マン（M. Mann）たちが、イギリスの週刊科学誌『ネイチュア』（NATURE）に発表した、一九五〇年頃以後の世界の平均気温の異常増加という世界中の研究者の多くを驚かせた結果は、実際に

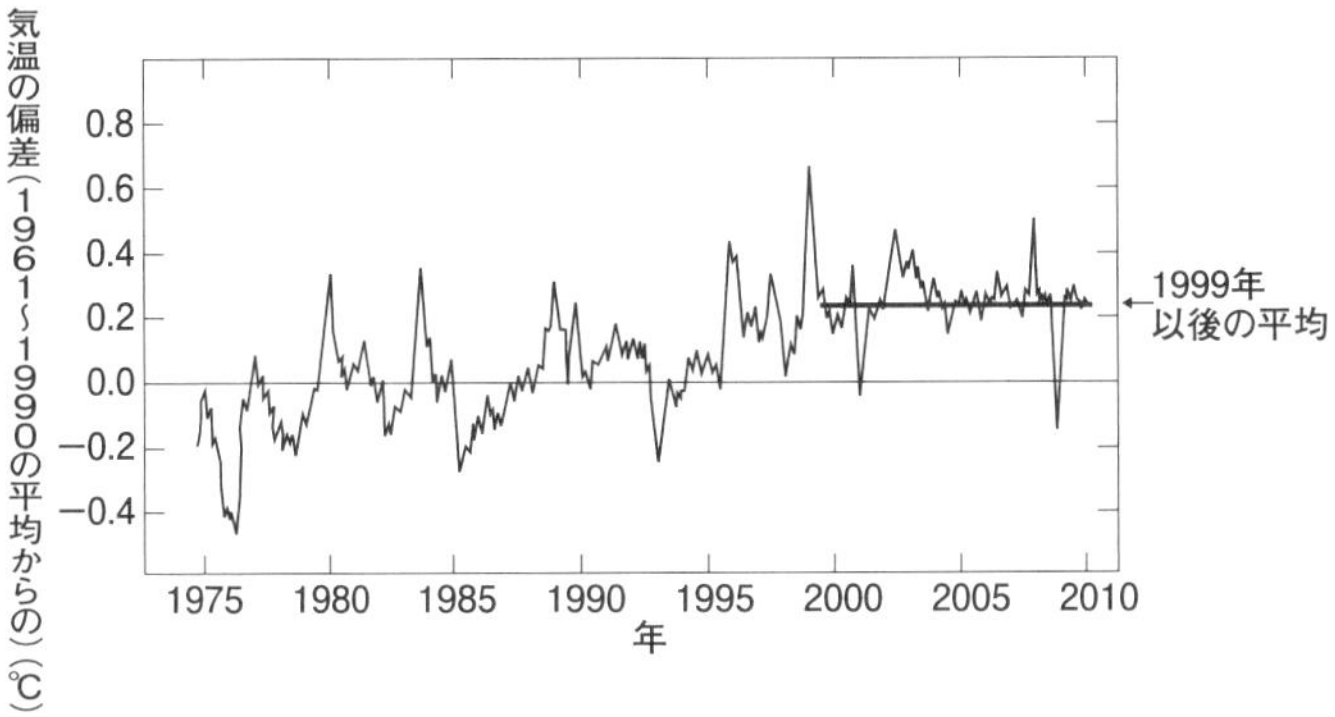

図44　1975年以後に測定された世界の気温変動．1999年以後，気温の上昇は検出できていない（直線は温度変動の傾向を示す）（R. A. Kerr（2009）から作成）．

は存在しなかったのではないかとの疑念を抱かせることになりかねない。この異常増加のパターンを、ホッケーのスティックの尖った先の曲り方になぞらえられたが、図44に示した結果から明らかなように、一九九九年以後に、このパターンはなくなってしまった、と言ってよいであろう。次のように結論するのは、時期尚早かも知れないが、地球温暖化は現在、停止した状態にあり、この状態が今後も続くものと予想されるのである。

太陽活動の活発さを示す指標である相対黒点数の各太陽活動周期（サイクル）12（一八八一年開始）から二〇〇〇年（周期22）までの各周期における全相対黒点数の長期変動については、図34にすでに示した。この長期変動と世界全体における平均気温のそれと（図4）を、一つのグラフに表してみると、図45がえられる。その際、平均気温については、太陽活動の各周期（サイクル）に対応するように、あらためて計算し直してあることだけ、ここで注意しておく。このグラフから更に、太陽活動の活発さ（各周期の全相対黒点数）と各太陽活動周期（サイクル）における世界の平均気温との関係について、プロットしてみると、図46に示すような結果がえられた。この結果は、見掛け上、太陽活動の活発さが増大するにつれて、地球温暖化が進むことを示唆している。太陽活動の活発さは、図35に示したように、太陽圏内に伸び広がる太陽起源の磁場（ＩＭＦ）の強さと因果的に関わっている。また、この磁場の強さは、地球の磁気圏の変動をもひき起こし、地球表面の磁場を変化させる。図21に

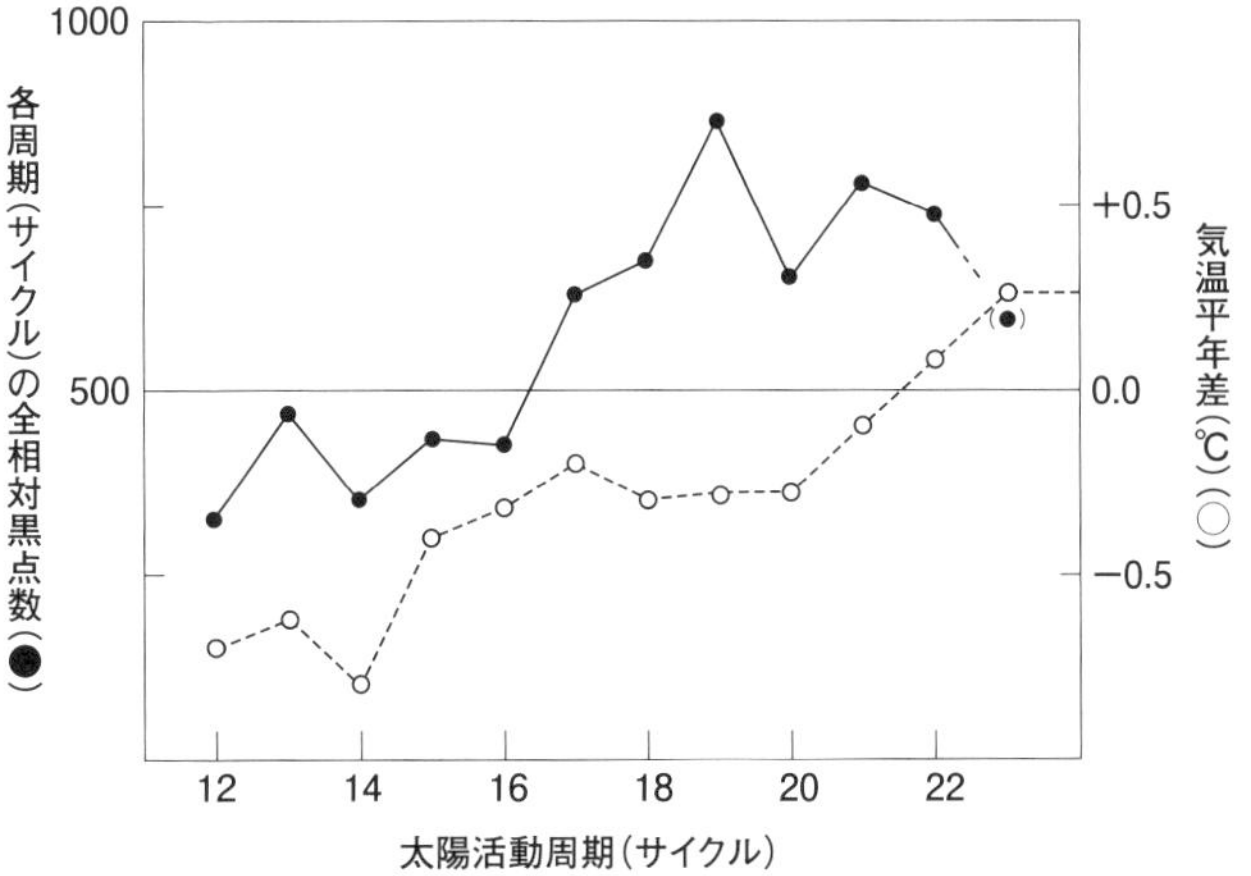

図 45　各太陽活動周期(サイクル)に対する全相対黒点数と世界の年平均気温(偏差)との両長期変動(次図に示すような結果が求められる).(●)はサイクル 23.

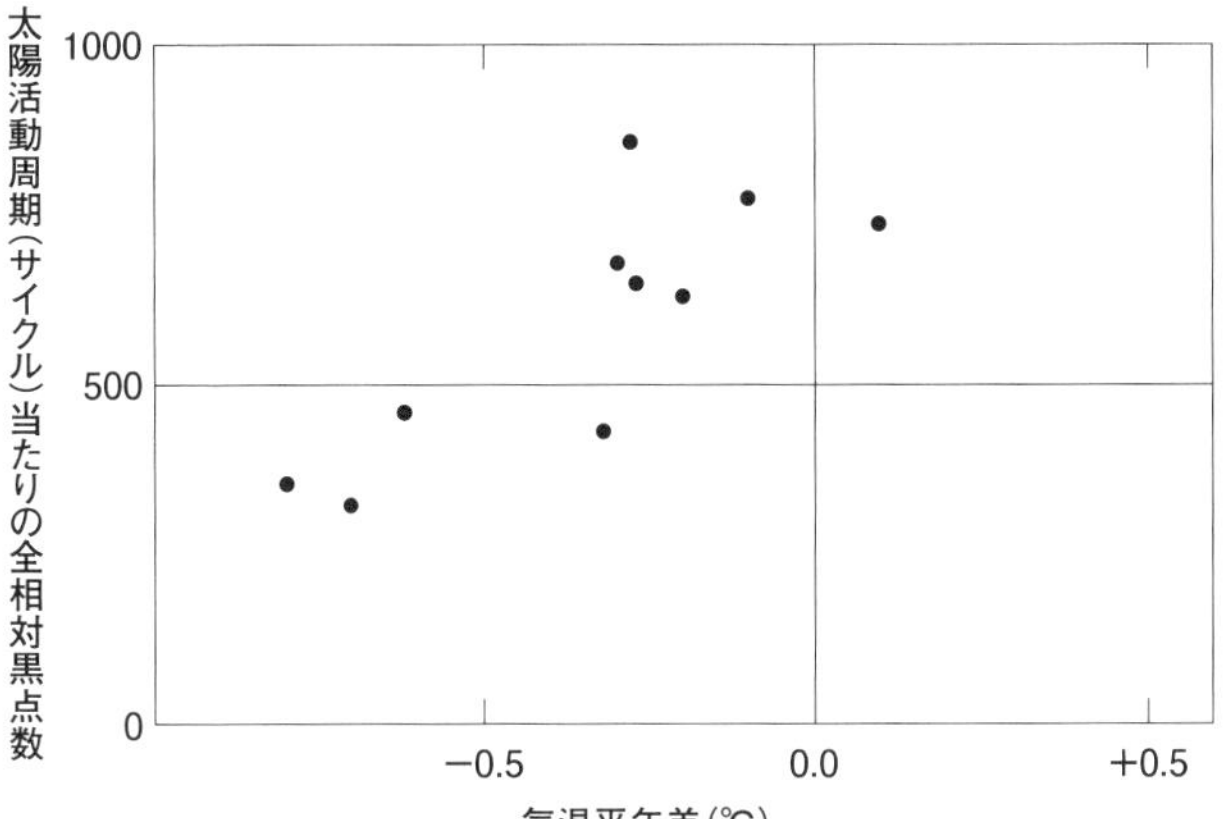

図 46　図 45 から求めた太陽活動の活発さ(全相対黒点数)と気温平年差との関係.このような結果は“見掛け”だけなのか？

示したように、地球表面における磁場の変動性は、aa指数（aa-index）により示されるが、この指数の大きさは、太陽起源の磁場（ＩＭＦ）と相互に連動するように変化していることがわかる。

この地球周辺における磁場の変動は、地球大気中へと侵入してくる宇宙線の大気中へと毎秒侵入してくる粒子の数に変動をもたらす。太陽起源の磁場（ＩＭＦ）は、太陽圏内における宇宙線の挙動に大きな影響を及ぼしてきたことについては、図23、図36、それに図40の三つに示した太陽活動の長期変動と宇宙線の侵入数（フラックス）のそれとの間にみられるよい相関関係から明らかである。

この宇宙線の地球への侵入量（フラックス）の長期にわたる減少傾向が、地球温暖化の主要な原因ではないかと、初めて指摘したのは、デンマークのスヴェンスマーク（H. Svensmark）とその協力者たちであった。しかしながら、彼らによる研究結果は、世界各地で、地球温暖化について研究している人々から当初は完全に無視された。

天の川銀河空間のどこか彼方で、超新星爆発に伴ってこの空間中へと伝播していく衝撃波により加速・生成された宇宙線の一部が、図7に概念的に描いたように、太陽圏内へと侵入、更にそのごく少数が、地球の磁気圏内に広がる磁場の障壁を乗り越え、地球大気中へと到来する。大気中へと入ってきた宇宙線粒子が、大気をイオン化し、生成されたミューオンと呼ばれる素粒子は、下層大気領域にまで届き、そこの酸素や窒素の分子と衝突、イオン化する。その結果、イオン化された粒子群は、大気中に分布する水分子と一部は出会い結合し、水滴の大基となる凝結核の生成へと進む。

今述べた一連の物理過程は、ひとつの仮説として立てられたのだが、現在ではすでに加速器を利用した実験的検証も、ヨーロッパ原子核研究機構（CERN）の装置によりなされており、気候変動に対する宇宙線の果たす役割が立証されたと言ってよい状況にある。このような状況に立ち至っても、この宇宙線の果たす役割について、否定的な見解を示す人たちが多いのが、現状である。このような主張をする人たちは、地球温暖化の原因が、大気中への炭酸ガス（CO_2）の蓄積量の増加にあるという意見に固執し続けているのである。

図44に示したように、一九九九年以降、地球温暖化の傾向は止まってしまっていると言えよう。これが、統計的誤差なのか、自然界に起こるいろいろな現象に、しばしば観察されるカオス的な〝ゆらぎ〟（fluctuation）により、偶々停滞状況にあることから生じたのか、予断を許さない。だが、地球温暖化の傾向が止まったのが本当であるとしたら、私たちは、このことについて何らかの説明ができるよう試みなければならない。次章の終わりに、この試みについて私が現在抱いている〝ひとつの予測〟について語るつもりである。

第7章　近未来を予測する

―気候はどう推移するか―

地球温暖化（global warming）あるいは、気候温暖化（climate warming）に関わった事柄が、テレビ、ラジオ、新聞あるいは、週刊誌などによってほぼ連日取り上げられるようになってしまっていて、大変に騒々しいことである。特に注目すべきことは、昨年（二〇〇九年）の一一月一七日に、イギリスのイースト・アングリア大学(University of East Anglia)に設置されている気候研究部(Climate Research Unit、ＣＲＵと略称）に保存されていた大量のＥメールや電子文書が、いまだに特定しえないでいるハッカーにより盗みだされ、世界中に公開されるという事件が起こったという事実である。この事件と関係して、ＣＲＵの所長であったフィル・ジョーンズは辞任したが、彼がマンたちと取り交わしたメールの中には、地球温暖化について〝ホッケー・スティック曲線〟を導くために、何らかの仕掛け（trick という単語を使っている）を試みたのではないかと疑わせるような文章があった。

太陽活動の活発さの長期変動に関する研究も、ほかのいくつかの研究課題とともに研究してきていた私は、マンたちがホッケー・スティック曲線になぞらえて、一九五〇年頃から以後の急激な地球気温の上昇について示した論文を眺めた時におおいに驚いた。その驚きの激しさを今でも昨日のことのように記憶している。彼らの論文が、『ネイチュア』（NATURE）に発表されるまで、世界の気温の急上昇については、考えてもみなかったからであった。というより、中世における大温暖期の気候の方が、現在よりずっと温暖化の度合いが大きかったと、いろいろな〝証拠〟から、私は推論していたからであった。

この話題を今は取り上げずに置いておくとして、現在進行しつつある太陽活動にみられる変化と、それから推測される〝ひとつの予測〟について、私自身が現在抱いている考え、または、見解について語るのが、本章の目的である。今までに記してきた前章までの内容に基づいて近未来における太陽活動の変動性、それに関わった宇宙線の挙動ほかに準拠しながら、地球温暖化の問題がどう推移していくと予想されるのか、現在の私が抱く〝ひとつの予測〟について、これから語っていくことにする。

太陽活動と地球気候との因果的関わり

太陽光球面に黒点や黒点群を生成する機構は、図６に示したような内部構造をもつ太陽の対流層内のガス運動と因果的に関わっている。名前が表すように対流層では、ガス運動の対流と差動回転が、対流層の最深部に存在する経度方向に伸びる磁力線（トロイダル磁場という）との相互作用を通じて、黒点や黒点群を生成する。この相互作用の詳細には、ここではふれないが、この作用が太陽のもつ磁場の生成とその長期変動、また、黒点や黒点群の磁場と密接に関わり合っているのである。

この差動回転速度の大きさ（特に、赤道における）が、太陽活動の活発さと因果的に関わり合っていることについては、図34に示した結果から明らかだし、この速度が大きくなると、対流運動の発達が押さえられて、黒点や黒点群の生成が起こりにくくなる。このことについては、図32と図33に示した結果から、十分に読みとれるはずである。

図34では、太陽活動周期（サイクル）23における太陽の自転速度についての観測結果を示さなかったが、実は、太陽活動周期（サイクル）18と19における自転速度と同程度にまで、加速されているのである。この一事をみても、二〇〇〇年頃から以後の太陽活動の活発さは衰退へと向かうのだ、と推測されたのであった。実際に、二〇〇〇年頃から以後の太陽活動はほとんど活発化することなく、相対黒点数は一〇以下と小さい値のままである。この状況は、太陽活動周期（サイクル）の中にあって極小の状態で、現在（二〇一〇年五月）も、この状況のままで推移している。太陽活動は一向に活発化していく気配を示さないのである。

前章の第三節「一九世紀半ば以降の太陽活動と気候との関わり」では、太陽活動周期（サイクル）12～22の約一二〇年間（一八八二～二〇〇〇年）における各周期に対する全相対黒点数と、これらの周期（サイクル）に対応する期間における世界の平均気温との関係を示し、そこから見掛け上、太陽活動の活発化に応じて、気温が増加していくようにみえるという結果を示した。今、見掛け上といったのは、太陽面上における黒点や黒点群の生成頻度が、地球大気の物理状態に大きな影響を及ぼすという証拠は、観測からえられていないからである。もちろん、第四章でふれたように、太陽から放射される紫外線やX線のエネルギー量は、太陽活動周期を通じて、数倍に及ぶ変動があり、太陽活動の極大期に放射は最も強くなる。しかし、これだけの変動幅があっても絶対量では可視光領域の放射エネルギー量に比べて遥かに弱く地球の下層大気、言い換えれば、対流圏への影響はないに等しいのである。こんなわけで、太陽活動の指数である相対黒点数がいくら増加したとしても、その結果、世界の平均気温が上昇するなどとは考えられないのである。

先に、太陽活動周期（サイクル）23に入って、太陽の自転速度が加速に転じたと述べた。この加速の傾向が、今後も維持されていくような事態が生じるなら、太陽活動の活発さは鈍化していき、マウンダー極小期にみられたような無黒点の時代が、今後招来される可能性があることを示唆している。図33に示した結果からみて、太陽活動が極端に衰退している時代が、到来するかも知れないのである。

現在の太陽の動向を探る ― 宇宙線との関わり ―

ここ一五年ほどにわたる期間における年平均相対黒点数の時間的推移をみると、図47に示すようになっている。この図から太陽活動周期（サイクル）23が、二〇〇〇年の相対黒点数極大期を過ぎて後、一〇年ほどにわたって衰退の一途を辿っているという事実がわかる。

太陽活動周期（サイクル）24では、二〇〇八年頃には、すでに太陽活動が活発化に向かって変化していっているのが当然と予想されるのだが、いまだに太陽はその活動をほとんど示さず、異常な静かさを保持したままに推移している。暫定値だが、二〇〇九年は相対黒点数の年平均値は約一・四と非常に小さい。こうした太陽活動の動向は、太陽自体がその活動をほとんど休止してしまった、いわば休眠期に入ってしまったことを示唆しているのかも知れない。その上で、このような状態が、今後一〇年、二〇年とわたって長引いて続くならば、その影響は、太陽圏の広がりと内部の物理状態に及ぶものと推測される。このような状態に立ち至った時、太陽コロナから、太陽風により、太陽圏内へと引

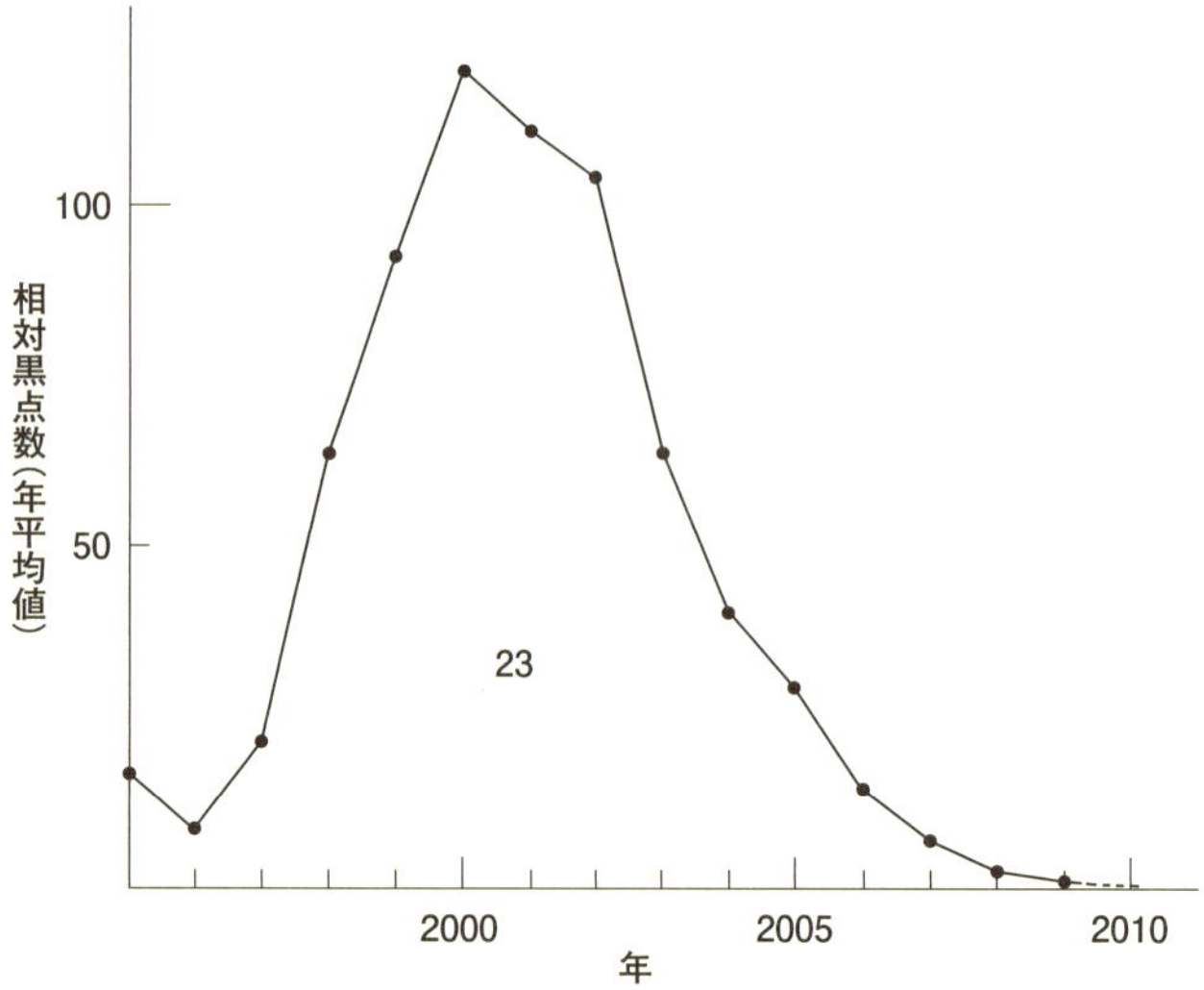

図 47　1995 年以後（サイクル 23）における年平均相対黒点数の変動．2005 年以後も，太陽活動は低下して行っている．いつ活発化に転じるのだろうか．

き伸ばされていった磁場（図21、または図35のＩＭＦ）の強さは弱まり、太陽圏内に侵入してきた宇宙線は比較的容易に、地球付近にまで到達できるようになると推測される。その結果として、地球大気中へと侵入してくる宇宙線の毎秒当たりの数（フラックス）が増加し、大気の状態をかき乱す可能性が大きくなるはずである。

宇宙線は大気中で、酸素や窒素の分子と激しく衝突し、前に考察したことがあるように、炭素の放射性同位体（^{14}C）、ベリリウム同位体（^{10}Be）などを作りだす。また、先に挙げた分子を破壊し、大量の陽子や中性子、それにパイオン（正負、中性の三種）を生成することになる。正負のパイオンは直ちに正負のミューオンに崩壊するが、その一部は地表から更に地下深くまで侵入し、陽電子や電子に崩壊する。ミューオンが崩壊する際には、ミュー・ニュートリノ、電子ニュートリノを生成する。これらのニュートリノのフラックスについて詳しく測定することで〝ニュートリノ振動〟と呼ばれる現象が、実際に起こっていることが示されている。この振動現象は、たとえ僅かであっても、これらのニュートリノが質量をもつことから、当然予想されることなのであった。

少し傍道へはずれてしまったので、元に戻るとして、大気中で生成されたミューオンの中でもエネルギーの高い成分は、大気の下層部、例えば、地上二〇〇〇～三〇〇〇メートル（ｍ）にまで達し、大気をイオン化し、水滴を形成する凝結核のおおもとを作りだす。大気中に分布する水蒸気はこの凝結核と出会い、水滴を形成するまでに成長する可能性がある。

太陽活動の極端な低下は、大気中への宇宙線の到来をし易くすることになり、結果として、大気の下層部に水滴の密度が高くなった領域の形成を助長することになる。したがって、このような領域では、下層雲の発生がしばしばみられるようになると予想される。これらの雲は、太陽からの電磁放射エネルギーの地表付近への入射を妨げ、地球環境に対する加熱の効果を減少させるように働く。このような下層雲が大量に発生し、太陽からの電磁放射エネルギーが地表付近にまで届くのを阻止されることになれば、地球環境は必然的に冷えていくことになる。このような事態が、実際に、もし起こるようなことがあれば、地球は温暖化されないで、むしろ寒冷化に向かう可能性があることになる。

図47に示したように、太陽活動は現在極端に低下した状態にあり、先にふれたように、太陽は、その活動の面で、休眠期に入ってしまったようにみえる。この影響かどうか確証はないが、図44に示したように、温暖化が休止状態にあるようにみえるのは、太陽が現在示している、その活動の異常な衰退に因果的に関わっているのかも知れない。そうして、太陽が休眠状態にあることと、地球温暖化が止まってしまったことの間には、宇宙線という高エネルギー粒子群の果たす役割が介在しているのかも知れない。この可能性については、節をあらためて考えてみることにしよう。

気候変動を誘発する基本原因は — 惑星間磁場と宇宙線 —

太陽活動の活発さの度合が、相対黒点数により表されてきたことについては、再三ふれてきた通りである。図47に示したように、太陽活動周期（サイクル）23にみられた、この相対黒点数は、二〇〇〇年に極大値に達したあとずっと減少し続けているだけでなく、周期（サイクル）の長さが、長く尾を引いていっており、現在（二〇一〇年五月の時点）でも、新しい活動周期（サイクル）24に移行したようにはみえない。

過去三〇〇年ほどにわたる期間については、太陽活動周期（サイクル）の長さの平均は、ほぼ一一年であることが示されている。図48に示したように、この周期（サイクル）が短くなるにつれて、太陽活動極大値における相対黒点数が大きくなる傾向を示すことがわかる。このような傾向から宇宙線の地表付近に到来する数（フラックス）について推測されることは、この周期（サイクル）が長くなるのに応じて、このフラックスが大きくなることで、図22に示したグラフからもおおよそのことがわかる。実際に、このフラックスは現在増加しつつある。

太陽圏に侵入した宇宙線が、地球周辺に到来するには、太陽に起源をもつ磁場（ＩＭＦ）の作用に打ち克って、地球の公転軌道辺りにまで入ってこなければならない。図24に示した結果から予測されるように、この磁場の強さは、二〇〇〇年以後にはすでに衰退に向かっている兆候がみえているので、宇宙線の地球大気中への侵入の度合は、大きくなっているものと予想される。先にみたように、予想通りになっている。今までのところ、詳細な解析結果が出されていないので、断定はできないが、前に述べたように、地球大気中へ侵入してくる宇宙線の毎秒当たりの数（フラックス）にみられる増加への動きが、下層大気中におけ

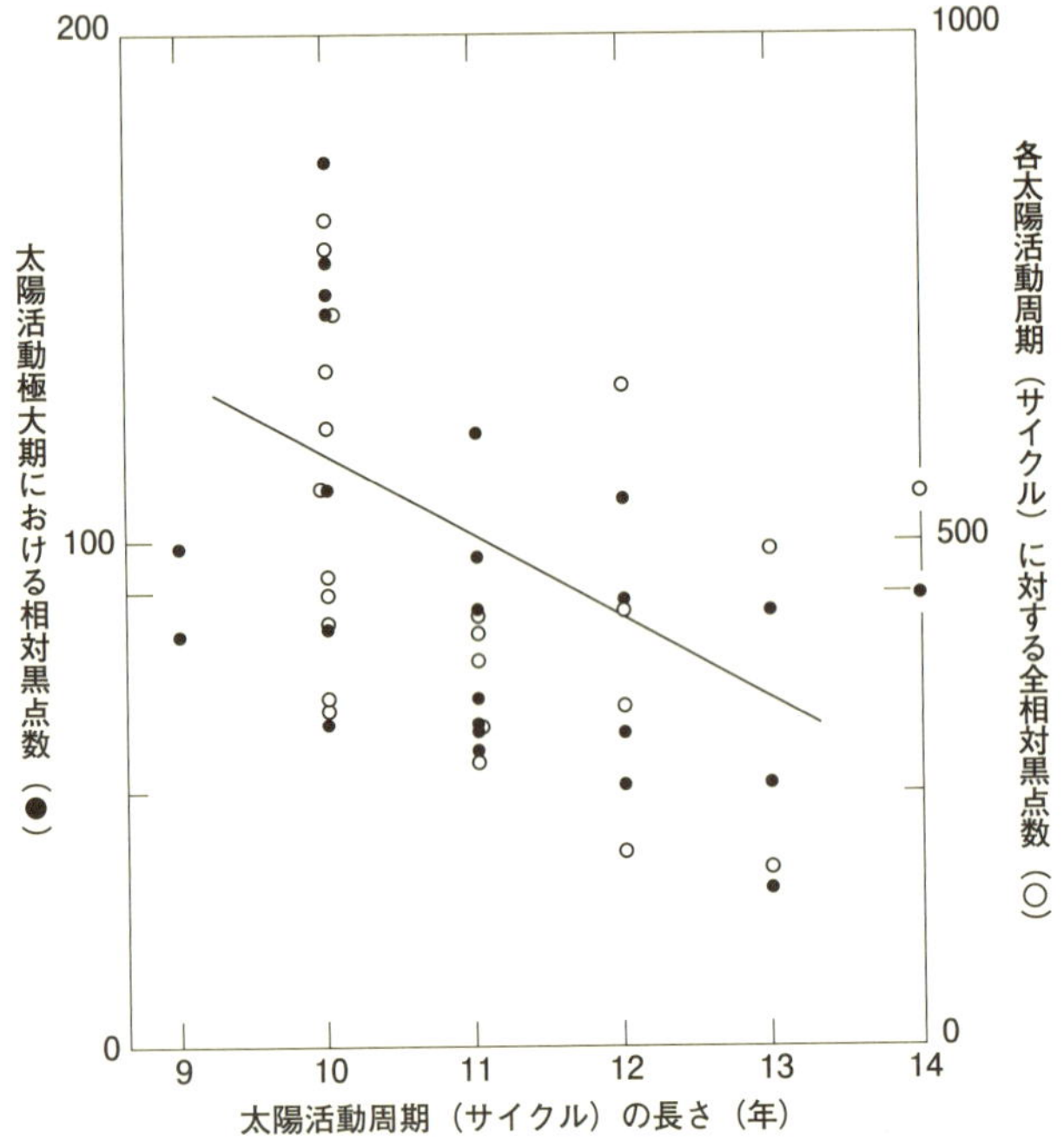

図 48　太陽活動周期（サイクル）の長さ（年で測る）と太陽活動の活発さとの関係．この長さの短い方が，太陽活動がより活発なことがわかる．

る雲の形成を助長している可能性がある。

大気中における宇宙線の挙動、特に、大気をイオン化することを通じて、水滴形成に至る凝結核の形成に対し、宇宙線の果たす役割が、長期的にみた気候変動の誘因となっている可能性については、先に名前を上げたスヴェンスマークやニール・シャヴィヴ（N. Shaviv）による研究結果が発表されている。彼らのえたこの結果に対しては、現在でも異を唱える人たちが多い。だが、図44に示したように、地球温暖化の傾向が止まり、見方によっては、この傾向から地球の寒冷化の動きが読みとれる。したがって、現在も続いている大気中への炭酸ガス（CO_2）の蓄積量の増加傾向から、この図44に示した結果を説明することは不可能であることが、明らかである。

太陽活動は現在停滞しており、衰退に向かう傾向が、最近における相対黒点数の経年変化から読みとれる。この変化に対応して多分、太陽が放射する電磁エネルギー量は減少に向かっていると推測されるのだが、その変化量は、一パーセント（％）以下と、ごく僅かにとどまり、これによる温暖化傾向の停滞を説明することは不可能である。ＩＰＣＣによる地球温暖化に対する評価報告は、この太陽からの電磁放射エネルギーの変動幅が小さすぎて、この温暖化は説明できないというものであった。だからこそ、ＩＰＣＣは、大気中の炭酸ガス（CO_2）の蓄積が地球温暖化の〝真の〟原因なのだと強調しているのである。

しかしながら、図44に示したように、地球温暖化は、一九九九年以降は進んでいない。他方で、大気中への炭酸ガス（CO_2）の排出量は増加し続けている。これについて、面白いインタビュー記事が週刊誌『タイム（TIME）』の二〇〇八年一一月二四日号にでていた。ＩＰＣＣのチェアマンであるラジェンドラ・パチャウリ（R. Pachauri）が相手で、現在止まってしまっている地球温暖化に対する見解を質されたのに対し、彼は返答に窮していたのであった。この人にとって、図44のような結果は、完全に予想外のものだったのであろう。

一九九九年から以降に観測されたこの地球温暖化の停止がなぜか、その考えうる理由として取り上げられるのは、今世紀に入ってから以後の太陽活動にみられる衰退への動きである（図47）。この動きとこれに付随して起こると予想される太陽圏の物理状態の変化、そうして、それに伴う宇宙線の太陽圏内における振舞いについて、これから考察し、地球温暖化が停止してしまった理由について、何らかの可能性を探ることにしよう。私がこれから述べようとしているのは、この理由に関わった〝ひとつの予測〟についてなのである。

ひとつの予測

一八八〇年頃から以後における太陽活動の活発さの推移については、各周期（サイクル）に対する全相対黒点数が現在（二〇〇三年）に至るまでにどのような変動を示したかをみればわかる。この変動は、図34に示したように、太陽活動周期（サイクル）19以後、太陽活動の活発さは、おおむねほぼ同じ状態に維持されている。図34には、太陽の自転速度（赤道における）も示されているが、こちらはずっと減速してきている。この図には示されていないが、太陽活動周期（サイクル）23では加速に転じ、太陽活動周期（サイクル）18～20において求められた速度と、同程度になっている。この自転速度にみられる加速は、太陽活動の活発さが、活動周期（サイクル）23（カッコ付きの黒丸で示してある）では衰退していっていることを示唆するが、図45に示したように、実際にそのようになっている。

だが、過去一五〇年ほどの期間について、図34に示した太陽活動の指数にみられた経年変化のパターンと世界の気温変動のそれとの比較では、図44と図45に示すような結果がえられていることから、見掛けの上では、太陽活動の活発さ、あるいは高さが、世界の気温を引きあげているようにみえる。この太陽活動の活発さは、太陽圏内に広がる太陽起源の磁場の強さに反映されているので、この磁場の強さの経年変化（図35）が、何らかの過程を通じて、地球温暖化をひき起こすのに〝ひと役〟買っているのかも知れない、という推論に導く。

この〝何らかの過程〟に因果的に関わっているのが、この磁場の働きで、太陽圏内における挙動が大きな影響を受けるのは、宇宙線である。この宇宙線の地球大気中へと侵入してくる毎秒当たりの数（フラックス）にみられる経年変化が、この〝何らかの過程〟をひき起こすのだが、それが宇宙線による大気のイオン化により誘発されるイオンから成る凝結核の生成であり、これから水滴が成長し、下層大気中における雲の形成という一連の過程である。この過程は、今から一〇年前（二〇〇〇年）にスヴェンスマークにより取り上げられたもので、新しいものではない。

このような一連の過程を通じてひき起こされたのが、宇宙線の地球大気中への侵入と大気のイオン化による水滴の形成につながる副次的な作用の減少で、この作用により一八五〇年頃～二〇〇〇年頃に至るまで、地球温暖化（global warming）が続いたのだという解釈となる。二〇〇〇年頃から以後は、図47に示したように、太陽活動が衰退に向かいつつあり、現在でも活発化に向かう気配は全然ない（二〇一〇年五月現在）。その結果、太陽圏に広がる太陽起源の磁場の強さは減少し、宇宙線が地球大気中へ侵入してくる毎秒当たりの数（フラックス）は、宇宙線の変調効果にみられる約一年の時間遅れで、増加の傾向を示している。今、約一年の遅れと言ったが、この時間は、太陽コロナの外延部から溢れて、流れだした太陽風が、太陽圏の先端部に太陽が進む方向において到達する時間だとみなしてよい。

先にふれたように、太陽活動は二一世紀に入ってから以後、異常といった方が適切なほど静かで、太陽がその活動の休眠期に入ったかのような有様である。このことと関連していると推測されるのだが、地球温暖化も、図44に示したように休止した状態にある。もし、このままに太陽活動が静かで、一〇年、二〇年と黒点や黒点群が生成されない無黒点の状態が続いたら、マウンダー極小期にみられたような気候の寒冷化した時代がくるのかも知れない。前に一度ふれたことだが、一九七七年秋に、イギリスの週刊科学誌『ネイチュア』(NATURE)に私は論文を寄せて、二〇世紀末の一〇年からそれ以後、地球の気候は寒冷化するのではないかとの予測について発表した。この予測は実は誤っており、その経緯については『数理科学』誌の二〇〇八年八月号に、失敗談として掲載させてもらった。

予測することの難しさを、私は今述べたように一度味あわされたのであった。ここでまたひとつ予測について示すが、太陽活動の活発さにみられる長期変動には、一〇〇年前後の期間をおいて繰り返す、この活発さが極度に衰退した時期が訪れるという観測事実がある。一九〇〇年から以後の二〇年ほどが、現在の衰退期の一つ前の、太陽活動が極度に衰退した時代であった。その一つ前が一八〇〇年前後の数十年であるから、このような動きからみて二〇〇〇年過ぎから始まった太陽活動の衰退の傾向は、この周期性変動から当然予期されることだったと言ってよいであろう。

こんなわけで、今後に地球環境に起こると予想されるのは、温暖化ではなく寒冷化への動きであるということになる。この寒冷化の始動にまず働くのは、太陽活動の極端な衰退であり、この衰退期が一〇年、二〇年、あるいは、それ以上に長く続くことから、太陽起源の磁場が、太陽圏内部で弱まり、太陽圏外から飛来する宇宙線の太陽圏内への侵入を容易にする。その結果、宇宙線に曝された地球は、宇宙線と大気との相互作用から、大気内でのイオン化が進み、下層大気内における雲の形成をより効率よくひき起こすようになる。この形成された雲が、太陽からの電磁放射エネルギーの地表付近への到来を一部さえぎり、地球環境を冷えこませることになる。

こうした推論が正しかったとしたら地球環境は温暖化への傾向をとることなく、今後は、むしろ寒冷化へと進むと予想されることになる。今まで、この節で述べてきたことはあくまでも〝ひとつの予測〟なのであることを明記しておく。一九七七年に『ネイチュア』(NATURE) 誌に、私は気候の将来における寒冷化について、予測する誤った論文を発表したが、今度は、太陽が、今まで私がしてきた研究結果をよくみてくれて、この予測が正しいと微笑んでくれることを願っている。

エピローグ

科学研究の結果を政治問題とするなかれ

地球温暖化（global warming）、あるいは、気候温暖化（climate warming）と呼ばれる事柄に関わった問題の中には、政治問題化してしまったものが、いろいろとある。地球温暖化が地球規模の問題として取り上げられるようになるには、国連の中の一つの組織として〝気候変動に関する政府間パネル〟（ＩＰＣＣ）が一九八八年に設立されねばならなかった。そして、このパネルによる最初の評価報告が出されたのが、一九九〇年で、第四回目の報告は二〇〇七年に出版されている。

この二〇〇七年に出版された評価報告には、いくつかの誤りがあることが指摘されたが、それらはＩＰＣＣのメンバーによる調査に基づいたものではなく、伝聞によるものであったり、間違ったものであったりしたことが明らかにされている。また、マイケル・マンが初めて主張した、ホッケー・スティックの先の尖った部分になぞらえられるように気温の急上昇が二〇世紀半ば以降に起こったことが、二〇〇一年における第三次評価報告に記載されているが、こんな急上昇は実際にはありえなかった。このことを裏付ける結果は、本書では図44に示されている。

「プロローグ」でふれたように、地球温暖化についての世界各地からの観測結果を集め、それらを分析して気候変動の傾向について、世界に発信してきたのが、イギリスのイースト・アングリア大学（University of East Anglia）に設置されている気候研究部（Climate Research Unit）であった。そこに保管されていた大量のＥメールや電子文書が、昨年（二〇〇九年）一一月一七日に何者かによってハッキングされ、世界中に公開されてしまった。それらの中には、観測データの捏造や改ざんを疑わせるもが含まれており、気候変動に関わる諸問題について、真摯に研究してきた研究者たちを驚かせた。こんな不誠実極まりない所業が倫理的に許されることではないのに、こんな結末となったのは、地球温暖化に対するいろいろな施策をめぐって、政治家、企業関係者、また、マス・コミュニケーションを操る人々に関わる利益誘導にまでつながっていたからなのであろう。

地球温暖化の防止に関わった問題は、温暖化防止に関わる企業や政治家、実業家その他の人々にとっては自分たちに利益をもたらす事業を生みだしている。膨大な資金が、この防止に関わる事業を間に挟んで流れる。このようなこともあり、地球温暖化の問題は、純粋な科学研究からはみ出て、国際政治、あるいは、国内政治における掛け引きや取り引き上の重要課題となってしまっている。このような状況の中で、気候の温暖化が現在では止まってしまっており、近い将来に、もしかしたら地球環境が寒冷化に向かうかも知れないという事態が生じている。現在でも、このようなことを言おうものなら大いに非難を浴びるのはさけられないのが実状である。ただ私にとって理解できないことは、昨年（二〇〇九年）一一月半ば過ぎに起こった〝クライメートゲート事件〟について、わが国のマス・メディアが沈黙してしまっていることである。わが国にも、ＩＰＣＣに参加している研究者がかなりの数いるだろうに、彼らからの発言も全然聞かれないのが不思議である。

こんな状況下では、地球温暖化をめぐる問題について、科学研究の結果に基づいて公平に議論を進めることなど、望むべくもない。恐ろしい時代となったものである。そんな中で、二〇〇九年一一月半ばに、デンマークのコペンハーゲンでCOP15という気候変動に関わった会議が開かれた。気候温暖化の抑制に向けて、参加各国の合意はえられ、将来の気候温暖化についての憂慮を示したものの、何の実効性ある施策が確立されることはなかった。『京都議定書』(Kyoto Protocol)は、一九九七年に開かれたCOP3の報告書で、炭酸ガス(CO_2)排出に関して、発展途上国に対する遵守事項は含まれていなかったし、アメリカは早々に脱退してしまった。

地球温暖化をめぐって、現在も国際政治の分野では、相変らず醜い抗争が続いている。こんな状況の中では、まともな発言など全然耳を傾けてはもらえないのであろう。本書の中で予測したことだが、地球寒冷化のような事態が実際に起こった時、こうした抗争に明け暮れてきた人々は何と発言するのだろうか。

太陽には、現在黒点がほとんど観測されない日々が続いている。マウンダー極小期に起こった無黒点期によく似た状況下に、現在の太陽活動は入りこんでしまっている。太陽活動周期(サイクル)24は、太陽活動の活発さからみて極めて、異常な様相を呈している。これが、一九九九年過ぎから観測されている地球温暖化が停滞をもたらしたのだろうか。もし、この停滞が太陽活動の変動と因果的に関わっていたのだとしたら、今後、地球環境の姿はどのように変わっていくのであろうか。

今年（二〇一〇年）の八月一日に、太陽面にフレアと呼ばれる爆発現象が発生し、太陽活動周期（サイクル）24が開始したのではないかと、新聞ほかのマス・メディアで報じられている。しかし、新しい活動周期（サイクル）24に太陽が入ったと結論するのは、時期尚早であろう。

この五月（二〇一〇年）に、アメリカ・フロリダのマイアミで開かれた第二一六回、アメリカ天文学会総会で、太陽活動周期（サイクル）24に関連したセッションで、いくつかの研究発表がなされている。その一つでは、この周期（サイクル）24は、この二月に開始したのではないかと推測していた。また、ほかの発表では、周期（サイクル）24の極大期は二〇一三年になるのではないかと予測していた。いくつかの研究発表からは、この太陽活動周期（サイクル）24が、極めて異常なものであると研究者たちがみなしていることが伝わってくる。今後の研究に関わって、太陽を注意深く監視していくことが望まれるのである。

【付録二】『太陽・地球系』という考え方について

地球温暖化は、地球全体の変動として起こる現象だが、現在この方面の研究者も含めて多くの人々が信じこんでいるのは、この原因が、人類が産業活動を通じて排出し続ける炭酸ガス（CO_2）の大気中への蓄積にあるということである。国連傘下の評価機関であるＩＰＣＣは、地球温暖化の原因が、今述べたように、炭酸ガス（CO_2）の蓄積にあるとしており、その理由として、第二次大戦以後、つまり、一九五〇年頃から後の世界各国の工業化政策に基づく、化石燃料利用の急激な拡大を取り上げている。

このように地球温暖化の原因を、人類自体の所業に求める人たちに対し、疑問を抱き、異論を唱える人たちが、いろいろな国々にいる。本書で展開してきた内容も、地球温暖化の究極の原因が、太陽活動の変動にあることを、いろいろなデータに基づいて示しながら、炭酸ガス（CO_2）の大気中への蓄積が原因とは考えられないのだと、本書の著者も主張しているわけである。

本書の本文中で、多くの観測結果の分析から推測されたのは、太陽活動の活発さにおける長期変動が、地球の温暖化や寒冷化の究極の原因なのだということである。地球とその周辺に広がる領域は、太陽の影響を強く受けており、気候変動も長期的な観点からは究極の原因が、太陽にあるのだと結論づけている。

地球環境の物理状態は、太陽によってほぼ完全に制御されており、太陽の存在から地球を切り離して、独自にいろいろな物理的過程を地球だけで、進められるものだと考えることは、まず不可能なのだという重要な事実を、私たちは確認しておかねばならない。地球は太陽なしでは、現在、私たちが経験している気候といった地球規模の現象をひき起こすことなど絶対にできはしないのである。

現在の私たちが自分たちの棲処としている地球は、太陽からの電磁放射エネルギーの大気中への流入と、水という保温効果抜群の物質との相互作用を通じて、こうした穏和な気候条件が実現されている。地球全体にわたる問題を考える際には、人間たちが築いてきた文明による力など、取るに足らないのだという厳粛な事実を、私たちは忘れてはならない。このような事実をふまえて、地球の今後の命運を占うに当たっては、太陽と地球とを合わせた一つのシステム（系）として扱っていかなければならないのである。本書の主題ともいうべき、地球温暖化の問題も、太陽が私たちに示すいろいろな性質の変動性が、いかに関わっているかについて研究することから解けてくるはずなのである。〝太陽・地球系〟という一つのシステム（系）に関わった問題として、地球温暖化に関わったいろいろな事柄を研究すべきではないかと、あえてここで提言しているのである。

【付録二】 地球大気に対し、保温効果を考慮した際に導かれる地表付近の温度

第一章の初めでみたように、保温効果をもたらす物質が大気中に、もし存在しなかったとしたら、日中でもセ氏でマイナス一五度ほどにしか気温は上昇しないと述べた。

しかし、大気中には、水蒸気（H_2O）や炭酸ガス（CO_2）といった保温効果をもたらす物質、言い換えれば、温室効果ガスが広がっていることを、気温の推測には考慮しなければならない。今、簡単に付図1に示すように、地球大気を薄い層であると仮定し、この層が太陽からの電磁放射エネルギーを吸収する割合を〇・一、地球からの放射に対してはこの割合が一であると仮定する。

この大気層に太陽からの電磁放射Sが入射しているとして、放射平衡にある地表と大気層の両温度を見積もってみることにする。大気層の温度をT_g、地表の温度をT_sとおくと、先の仮定に基づいて、この平衡に対する式を求めると次式がえられる。

$$0.9S + \sigma T_g^4 - \sigma T_s^4 = 0$$

このようになるのは、地表が0.9Sのエネルギーを吸収し、更に、大気層からσT_g^4も吸収し、他方で、σT_s^4だけのエネルギー放射があって、平衡となるからである。この式で、σはステファン・ボルツマンの定数である。

一方、大気層では

$$0.1S - 2\sigma T_g^{\ 4} + \sigma T_s^{\ 4} = 0$$

という式が、平衡条件のもとに成り立つ。これら二式からT_sを消去すると、次式がえられる。

$$\sigma T_g^{\ 4} = S$$

更に

$$1.9S = \sigma T_s^{\ 4}$$

がえられる。図1に示した結果からSは235W/m^{2}であることがわかるから、地表付近の温度T_sが約二九五Kと求まる。セ氏で表すと二二℃と、穏和なものとなる。

地球が、私たちが現在経験しているように穏やかなものとなっているのは、温室効果ガスである水蒸気（H_2O）が大気中に広がり、本文中の図9に示したように太陽からの電磁放射のエネルギーを効率よく吸収し、保温効果を高めてくれているからなのである。

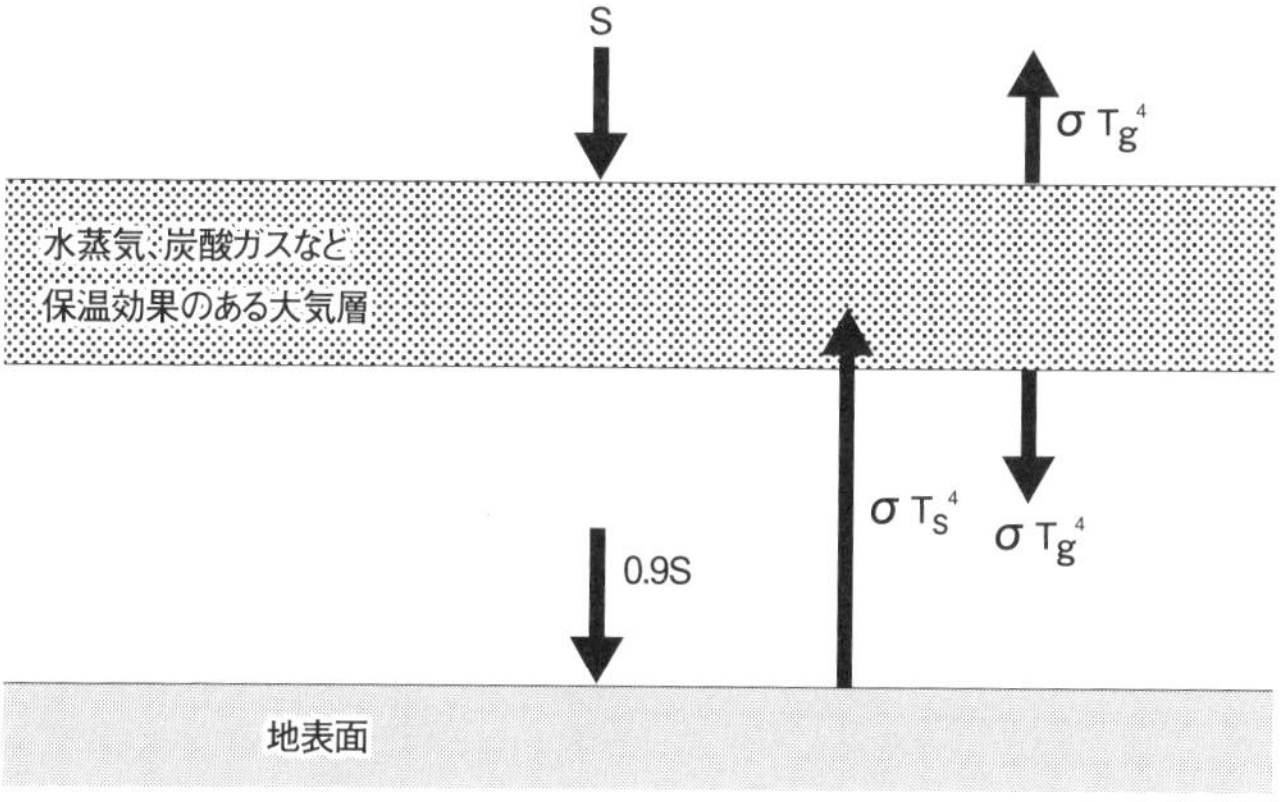

付図1　大気中に保温効果をもたらす働きがあった場合の放射平衡の取り扱いにおける仮定．保温効果は水蒸気と炭酸ガスによりもたらされる．

文献

●本書の内容に関係ある著者自身によるものを、以下に挙げる。

桜井邦朋、「太陽の変動性：地球への偉大な影響力」、日本の科学と技術、第二一巻（二〇一号）七二頁、一九八〇年
――――、『太陽―研究の最前線に立ちて―』（サイエンス社、一九八六年）
――――、『太陽黒点が語る文明史』（中公新書）、（中央公論社、一九八七年）
――――、『気候温暖化の原因は何か―太陽コロナに包まれた地球』（入門テキストシリーズ）、（お茶の水書房、二〇〇三年）
――――、『夏が来なかった時代―歴史を動かした気候変動』（歴史文化ライブラリー一六一）、（吉川弘文館、二〇〇三年）
――――、「歴史時代における気候変動と太陽活動」、月刊地球、二七巻、九号、六九三頁、二〇〇五年
――――、「宇宙物理学から見た地球温暖化」、インダスト、二二巻、九号、一六頁、二〇〇七年
――――、「「地球温暖化」の真の原因は何か」、月刊MOKU（特集太陽）、一九四巻、五号、四〇頁、二〇〇八年
――――、「ガリレオが見た太陽は何を語りかけるか―太陽活動と気候変動」、現代思想（特集ガリレオ）、三七巻、一二号、一五四頁、二〇〇九年
――――、『眠りにつく太陽―地球は寒冷化する』（祥伝社新書）、（祥伝社、二〇一〇年）

●英文で書かれたもの

K. Sakurai, Equatorial solar rotation and its relation to climatic change, *NATURE*, **269**, 401（1977）.

———, The solar activity in the time of Galileo, *J. History Astron*, **11**, 164（1980）.

———, The sun as an inconstant star, *Space Sci. Rev*. **38**, 243（1984）.

———, The long-term variation of galactic cosmic ray flux and its possible connection with the current trend of the global warming, Proc. 28th Int. Cosmic Ray Conf, Tsukuba, SH-7, 4209（2003）.

——— et al., Long-term variation of the solar activity and its possible connection with the earth's climate condition and cosmic ray modulation, *J. Phys. Soc. Japan*, **78**, Suppl. A, 7（2009）.

●本書の内容に関係した文献

J. A. Eddy, The Maunder Minimum, *Science*, **192**, 1189（1976）.

N. Calder, The Manic Sun -weather theories cofounded, Pilkington Press（1997）.

H. Svensmark and N. Calder, The Chilling Stars–A New Theory of Climate Change, Icon Books（2007）.

（この本の日本語訳が出版されている）

H・スベンスマルク／N・コールダー、『〝不機嫌な〟太陽―気候変動のもうひとつのシナリオ』、（恒星社厚生閣、二〇一〇）

あとがき

一九七六年五月半ばすぎに、私は日本で働くべく帰国した。日本で働くようになって最初に発表した研究論文は、翌一九七七年秋に、イギリスの週刊科学誌『ネイチュア』（NATURE）の九月二九日号に掲載された。この論文の表題は、「太陽赤道の自転と気候変動との関係」であった。その内容は、太陽の自転速度の変動が、太陽活動の活発さと因果的に関わっており、自転速度が大きくなるとこの活発さが下がり、結果として、自転速度が増加した状態が続くと、気候が寒冷化することを示唆するものであった。二〇世紀の終わり頃から二一世紀初めには、太陽の自転速度が大きくなっており、太陽活動が極端に弱くなると予測し、その結果、気候は寒冷化すると結論づけたのであった。

しかしながら、一九八〇年代から以後、二〇〇〇年頃までの太陽活動は、予測に反し活発で、気候には寒冷化は起こらず、むしろ温暖化の傾向を示した。私の予測は見事にはずれたのであった。この経緯については、『数理科学』誌の二〇〇八年八月号に記したので、それをみて頂きたいのだが、先の論文を発表した当時の私は、この予測が正しいものと〝読んでいた〟のであった。

その後、同じく『ネイチュア』（NATURE）誌の一九七九年三月八日号に、太陽中心部で進む熱核融合反応（陽子・陽子連鎖反応）の効率は、時間的に一定ではなく、二年強の周期で変動しているのだ、という研究論文を発表した。このような変動などあるはずがないと、多くの研究者から批判されたが、最近になって、この周期的変動の存在を支持する研究がいくつか出て、私自身、ほっとするどころか喜んでいる。この周期に対し、"Sakurai's Periodicity"と呼ぼうと提案している人もあり、私としては嬉しく、心強いかぎりである。

話が先へととんでしまったが、太陽の自転速度に関わった問題については一九七七年に発表した研究論文に引き続いて、一九八〇年にイギリスから出ている天文学史に関する専門研究誌（Journal for the History of Astronomy）に、論文を発表した。こちらは、「ガリレオの時代における太陽活動」と題したものであった。

本文中でも、何回か言及した「マウンダー極小期（The Maunder Minimum）」に先行した一六一二年における太陽活動の活発さと太陽の自転速度との関係について、ガリレオが遺した一ヵ月余りにわたる、黒点のスケッチを解析した結果が、先の論文で示された。

ガリレオは一六一二年六月〜八月にかけて一ヵ月余り、ほとんど毎日、太陽黒点について観測し、精確なスケッチを作りあげた。これらのスケッチを用いて、当時の太陽活動の活発さと太陽の自転速度とこの速度の太陽面緯度による変化の三つについて、私は統計的に詳しく解析し、その結果を先の論文で示した。その結果の中のひとつは、本文中の図32にGという記号を示す太陽の赤道における自転速度と太陽活動の活発さである。この図から、マウンダー極小期に入ると、SからHへと自転速度は大きくなり、他方で、太陽活動が極度に弱くなっていったことがわかる。本文中の図47に、太陽活動周期（サイクル）23〜24にかけて、太陽活動の活発さがいかに推移したかが示されているが、ここ数年の太陽活動の活発さはマウンダー極小期にみられたものとよく似ていることがわかる。

この天文学史に関する研究誌に投稿した私の研究論文の査読者（referee）が、実は本文中に名前が何回かでてきたジャック・エディ（J. A. Eddy）であった。彼からの手紙で、このことを私は知ったのだが、ガリレオが、こんな精密なスケッチを黒点について遺していたのを、〝残念なことに〟、知らなかったと書いていた。この人との私の出会いは、一九七五年一一月初めのことで、NASAゴダード宇宙飛行センターで開かれた〝太陽研究の将来〟に関する小さな国際会議（Workshop）がきっかけであった。当時、私はこのセンターで上級研究員として働いていた。

彼は、この会議における招待講演で「The Case of Missing Sunspots」と題して、一七世紀半ばから一八世紀初めにかけて、少なくとも七〇年間（一六四五〜一七一五）にわたって、太陽活動に〝無黒点期〟があったこと、この期間は、地球気候が寒冷化していて、ヨーロッパは飢餓とペストの流行に苦しめられた時代であったことを、出席した人々に示した。そうして、この無黒点期の存在を初めて指摘したウォルター・マウンダー（W. Maunder）の名前を用いて、〝マウンダー極小期〟（The Maunder Minimum）と呼ぼうと提案したのであった。

このような無黒点期が、実際にあったことについて出席者の多くも初めて耳にして驚いたわけだが、このことについて、詳しくどうしても知りたいという気持ちが募り、数日後、私はエディに宛て、この方面のことについて、研究論文ほか、勉強できる資料があったら分けてくれないかと、厚顔にも手紙を認めた。

返事とともに招待講演の内容を括めた論文の原稿（後に、〝The Maunder Minimum〟と題して、Science 誌に掲載）のコピーが、一〇日もしないうちに私のもとへ届いた。これが、エディと私との出会いであり、この方面について、私が研究を始める契機となった。私にとってこんな有難い出会いはなかったと言ってよいほどの〝出逢い〟であった。

このような押し掛けの出会いではあったが、彼との研究上のつき合いは、一〇年ほど前まで続いた。一度来日した折には、研究グループの仲間たちと一緒に、九州から名古屋へと旅行した。一九八二年に出版された『天文考古学入門』（講談社、現代新書）には、彼から写真を分けてもらい、彼が作成した図とともに掲載した。この本は出版後、彼の手許にも送ったのだが、喜んでくれたのが嬉しかった。彼には、いろいろな想い出を作ってもらったが、残念なことに、昨年の二月に逝くなった。

彼の講演を聴くことがなかったら、太陽活動にみられる長期変動と気候との関わりについて、研究を始める機会が、私には多分やってくることはなかった。それだけに、彼との出会いに、何か運命的なものを感じるし、何かある問題の研究に入るきっかけが、こんな出会いにあるのだという不思議も感じるのである。きっかけはどんなものであっても、それがもたらす結果の方が重要なのだと、このたび、本書のための原稿を作りながら強く感じている。

本書の中で、しばしば言及した太陽の自転にみられる特性と太陽活動の変動との関わりに対する研究への私の参入の動機は、さかのぼればエディとの出会いにある。彼とその仲間たちが、マウンダー極小期における太陽の自転にみられる加速についてえた結果に関するいくつかの研究論文を勉強することから、冒頭にふれた『ネイチュア』誌への研究論文が生まれたのだし、ガリレオのスケッチ解析結果も、エディたちの仕事に刺激されて生まれた。

本書の中でも、図33と図34に示したように、最近の過去一二〇年ほどにわたる期間における太陽の自転速度の長期変動に関する解析結果が基調となって、気候変動の原因を追究する手掛かりを与えてくれている。その際、私にとって忘れられないのは、気候変動に果たす宇宙線の役割である。

本書に先立って先頃、翻訳出版されたスヴェンスマーク、コールダーの二人による『〝不機嫌な〟太陽―気候変動のもうひとつのシナリオ』（恒星社厚生閣刊）と題した訳本を、宇宙線について語る際に、忘れるわけにはいかない。思いがけず、この訳本の監修を、私は引き受けることになったのだが、一九九〇年代の半ば過ぎに出たスヴェンスマークの研究論文をみてから、この人にずっと注目してきていたし、コールダーが一九九七年に出版した大著『The Manic Sun』（Pilkington Press, 1997）も、すぐに入手し読んだ。

このような次第で、スヴェンスマーク、コールダー両人による共著も、出版広告を見て迷わず注文し、手に入れたあと、すぐに読んでしまっていた。こんな状況下で、監修という話が持ち上がったのである。このたび、出版の運びとなった本書は、監修の仕事を進めながら構想されたものだが、その契機は、二〇〇八年秋に七回にわたって開講された神奈川大学市民講座「〝気候温暖化〟の原因をめぐって―太陽活動と地球環境との関わり―」にある。

本書は七章から成るが、これらは七回にわたる講座の表題そのものである。私の話を熱心に聴いて下さり、いろいろと質問をしてくれた人たちの顔が、今も目をつむると瞼に浮かぶ。こんな機会がもてたことは本当に有難いことと、大学の広報部の人たちにも感謝したい。

現在の太陽は、自転速度が減速から加速に、二〇〇三年にはすでに転じている。このことは、太陽活動の活発さが減じ、無黒点期へと向かう様相をみせているのだ、と言ってよい。

本書でも〝ひとつの予測〟と題して、今後に予想される太陽活動の変動性について、私の見通しを語ったが、このあとがきの冒頭において述べたように、太陽活動の長期変動の予測に、今から三〇年以上前の一九七七年に失敗しているので、今度しくじったら「何だ、お前の言うことは全然当てにならないな」と、研究仲間からまたからかわれたり、批判されたりすることであろう。

しかしながら、ぜひここで述べておきたいことは、失敗を怖れていたら、先へ進むことは不可能だし、研究への今後の方針や計画を立てる手立てができてこないということである。太陽活動が不活発なままで、マウンダー極小期やドールトン極小期にみられたような事態が、太陽に起こったら、地球環境は寒冷化し、現代のような工業化社会でも、人々の生活は世界的規模で大打撃を受けることであろう。私が危惧するのは、こんな事態に立ち至っても、太陽の動きをどうすることもできないという状況の出現である。現在の太陽の動きは不気味である。もしかしたら〝不機嫌〟な太陽などと言ってはいられない状況が、地球環境に近い将来襲ってくるかも知れないのである。

本書では、ごらんのようにたくさんのグラフにより、事実関係が実際には、どうなのかについてみて頂けるように試みられている。こうした事実が、科学に関する議論にあっては重要な役割を果たすことを諒とせられて、本書をみて頂くよう希望する次第である。

著者　桜井邦朋

◉著者紹介

桜井邦朋（さくらい　くにとも）

現在，早稲田大学理工学術院総合研究所客員顧問研究員，横浜市民プラザ副会長，アメリカアラバマ州ハンツビル市名誉市民．1956 年京都大学理学部卒，理学博士．京都大学工学部助手，助教授，アメリカ NASA 上級研究員，メリーランド大学教授を経て，神奈川大学工学部教授，同学部長，同学長を歴任．研究分野は高エネルギー宇宙物理学，太陽物理学．著書には，『太陽—研究の最前線に立ちて』（サイエンス社），『天体物理学の基礎』（地人書館），『日本語は本当に「非論理的」か』（祥伝社），『ニュートリノ論争はいかにして解決したか』（講談社）他 100 冊余り．

移り気な太陽

太陽活動と地球環境との関わり

桜井邦朋　著

2010 年 11 月 15 日　初版 1 刷発行

発行者　片岡　一成

印刷・製本　株式会社シナノ

発行所　株式会社恒星社厚生閣

〒 160-0008　東京都新宿区三栄町 8

TEL　03（3359）7371（代）

FAX　03（3359）7375

http://www.kouseisha.com/

ISBN978-4-7699-1232-3 C1044

（定価はカバーに表示）